KB095656

삶으로 일구는
생태영성

신앙으로 읽는 생태 교과서 2

삶으로 일구는 생태영성

2020년 12월 14일 초판 1쇄 인쇄
2020년 12월 21일 초판 1쇄 발행

엮은이 | (사)한국교회환경연구소/기독교환경운동연대
펴낸이 | 김영호
펴낸곳 | 도서출판 동연
등 록 | 제1-1383호(1992년 6월 12일)
주 소 | 서울시 마포구 월드컵로 163-3
전 화 | (02) 335-2630
팩 스 | (02) 335-2640
이메일 | yh4321@gmail.com

Copyright ⓒ (사)한국교회환경연구소/기독교환경운동연대, 2020

이 책은 저작권법에 따라 보호받는 저작물이므로, 무단 전재와 복제를 금합니다.
잘못된 책은 바꾸어 드립니다.
책값은 뒤표지에 있습니다.

ISBN 978-89-6447-629-1 03400

이 책은 환경부 2020 사회환경교육프로그램 (종교분야) 지원 사업으로 제작되었습니다.

삶으로 일구는
생태영성

(사)한국교회환경연구소/기독교환경운동연대 엮어 씀

동연

차 례

1과
생태 영성

말씀 묵상: 예수님의 눈길로 보기

생태 이론: 생태시대를 위한 그리스도교 생태영성

생활 실천: 떼제의 묵상 기도

나는 당신이 여기 와서 하나님의 단순하고 순수한 사랑의 샘물
에서 한 해 동안 쉴 수 있기를 원합니다.
당신은 소나무 숲과 폭포, 깊은 바람 소리가 전하는 새로운 진실
을 가지고 돌아가게 될 것입니다.
그러면 당신은 그 모든 것들이 예수 그리스도가 그러셨듯이 근
원적 사랑을 노래하고 있다는 것을 발견하게 될 것입니다.

_ 존 무어(1838~1914), "시에라에서 보낸 나의 첫여름" 중에서

예수님의 눈길로 보기

마태복음 6장 22-30절

²²예수께서 말씀하셨다. 눈은 몸의 등불이다. 그러므로 네 눈이 성하면 네 온 몸이 밝을 것이요, ²³네 눈이 성하지 못하면 네 온 몸이 어두울 것이다. 그러므로 네 속에 있는 빛이 어두우면, 그 어둠이 얼마나 심하겠느냐? ²⁴아무도 두 주인을 섬기지 못한다. 한쪽을 미워하고 다른 쪽을 사랑하거나, 한쪽을 중히 여기고 다른 쪽을 업신여길 것이다. 너희는 하나님과 재물을 아울러 섬길 수 없다. ²⁵그러므로 내가 너희에게 말한다. 목숨을 부지하려고 무엇을 먹을까 또는 무엇을 마실까 걱정하지 말고, 몸을 감싸려고 무엇을 입을까 걱정하지 말아라. 목숨이 음식보다 소중하지 아니하냐? 몸이 옷보다 소중하지 아니하냐? ²⁶공중의 새를 보아라. 씨를 뿌리지도 않고, 거두지도 않고, 곳간에 모아들이지도 않으나, 너희의 하늘 아버지께서 그것들을 먹이신다. 너희는 새보다 귀하지 아니하냐? ²⁷너희 가운데서 누가, 걱정을 해서, 자기 수명을 한 순간인들 늘일 수 있느냐? ²⁸어찌하여 너희는 옷 걱정을 하느냐? 들의 백합화가 어떻게 자라는가 살펴보아라. 수고도 하지 않고, 길쌈도 하지 않는다. ²⁹그러나 내가 너희에게 말한다. 온갖 영화로 차려 입은 솔로몬도 이 꽃 하나와 같이 잘 입지는 못하였다. ³⁰오늘 있다가 내일 아궁이에 들어갈 들풀도 하나님께서 이와 같이 입히시거든, 하물며 너희들을 입히시지 않겠느냐? 믿음이 적은 사람들아!

1. 자신과 주변, 교회와 사회가 당면한 문제와 난관, 갈등과 모순을 바라보면 때때로 앞이 캄캄한 것 같기도 합니다. 예수님이 말씀하시는 성한 눈은 어떤 것일까요? 예수님은 내 안에 있는 어떤 빛을 말씀하시는 것일까요?

2. 하나님과 재물을 아울러 동시에 섬길 수 없다는 예수님의 말씀은 자본주의 사회에 살아가는 우리에게 어떤 도전이 됩니까?

3. 성서 본문은 걱정에 빠져 있지 말고 아름다운 자연을 바라보라는 말일뿐 아니라, 더 나아가 예수님의 눈길로 내 자신과 인생 그리고 세상을 바라보라는 초대입니다. 어떻게 하면 우리 안에 예수님의 눈길을 간직할 수 있을까요?

함께 읽을 말씀

빌립보 2장 5절

여러분은 그리스도 예수께서 지니셨던 마음을 여러분의 마음으로 간직하십시오.

시편 62편 8절

하나님만이 우리의 피난처이시니, 백성아, 언제든지 그만을 의지하고, 그에게 너희의 속마음을 털어놓아라.

○ **더 찾아볼 거리**

프란치스코 교황의 환경회칙, 찬미받으소서, CBCK

생태시대를 위한 그리스도교 생태영성*

코로나19, 생태 위기 그리고 생태영성

코로나19가 우리에게 시사하는 것은 무엇일까? 코로나19
는 우리가 살고 있는 시대가 기후위기의 시대를 넘어 기후 붕
괴로 인한 기후 재앙의 시대임을 보여주는 전령이다. 기후는
사람의 체온처럼 안정적으로 유지되어야 하고, 날씨는 매일
변해야 한다. 기후는 체온과 같아서 갑자기 올라가는 것은 건
강의 적신호이다. 지구의 기후는 산업혁명 이전과 비교하여
평균 1℃ 이상 상승하였고, 지금 전문가들은 2℃ 상승을 돌이
킬 수 없는 임계점으로 보고 있다. 지구는 기후 붕괴로 인한
몸살을 앓고 있다. 자연에 대한 인간의 파괴적인 활동은 연간
만종 이상의 생명종이 사라지는 지구의 여섯 번째 대량 멸종

---

* 이 글은 다음 글을 수정 보완하였습니다. 최광선, "코로나19 시대와 생태영
성," 『재난시대를 극복하는 한국교회』 (대한예수교장로회총회, 2020): 295-
316.

시대를 초래하였다.

우리는 지질학적이며 문명사적 전환기 시대를 살고 있다. 지구대기를 연구하는 과학자 폴 크루첸은 인간의 활동이 지구의 생태계를 변화시킨 인류세(anthropocene)가 시작되었다고 한다. 지구학자 토마스 베리는 다섯 번째 대량멸종 이후 시작되었던 신생대(Cenozoic Era)가 지금 진행되고 있는 여섯 번째 대량멸종으로 끝나고 새로운 지질학적 연대기 생태대(Ecozoic Era)가 시작되었다고 진단한다. 많은 이들은 현재 문명은 인간과 지구공동체에 거주하는 생명체의 존속이 지속 불가능하기에 문명사적 전환만이 생존 가능한 미래를 위한 길이라고 단언한다. 인류세, 생태대 또는 문명사적 전환기라는 진단은 현재 인류가 직면하고 있는 생태 위기의 크기와 범주가 심각하다는 것을 보여주며, 인류는 긴급하고 신속하게 생태적 응답을 해야 하는 시기임을 말하고 있다.

이 전환기적 시점에 인류는 생존 가능한 미래를 선택하기 위해서 모든 생태적 지혜를 동원해야 한다. 기후 붕괴는 특정 나라나 대륙 또는 인종에 국한되는 문제가 아니고 인류 전체의 생존과 직결되는 문제이기 때문이다. 린 화이트(Lynn White)가 생태 위기의 주범으로 그리스도교를 지목한 지 반세기가 흘렀다. 그의 비판은 그리스도교를 생태적으로 전환하라는 요청으로 받아들여졌고, 이후 다양한 생태적 담론이 형성되고 있다. 또한 현재 직면하고 있는 생태 위기의 시급성은 우리 그리스

도인들에게 지구공동체의 생명과 약속 가능한 미래를 위해 생
태적 헌신을 요구하고 있다.

그리스도인들을 생태적 헌신으로 초대하는 생태영성의 의
미를 알아보자. 생태영성은 하나님의 피조물인 인간과 자연이
친밀한 관계를 형성하는 생태 시대의 그리스도교 영성의 줄임
말이다. 이 영성은 생태 위기를 극복하고, 인간과 자연의 호혜
적 관계 증진을 위한 것이다. 그래서 이 글은 그리스도인들을
생태적 헌신으로 초대할 수 있는 세 가지 생태영성의 기본 질
문에서 출발한다. 첫째, 예수는 생태적인가? 만약 이 질문에
'예수가 생태적이다'라고 대답할 수 있다면, 생태적 헌신은 우
리 시대의 참된 제자도가 될 것이다. 둘째, 성경은 생태적인
가? 성경이 생태적이라면 우리는 성경을 생태적으로 읽는 방
식을 배워야 한다. 셋째, 창조 세계는 거룩한 복음인가? 창조
세계가 하나님의 거룩함을 드러내는 장엄한 복음이라면, 우리
는 창조 세계가 가리키는 창조주를 바라보아야 한다. 그때 하
나님의 작품으로서 창조 세계는 창조와 구원의 영적 역동성을
제공할 것이다.

예수는 생태적인가?

생태적 예수를 이야기하기에 앞서, 당신은 예수를 진지하
게 받아들이고 있는가? 예수의 삶과 가르침 그리고 죽음을 통

해 보여준 그 길이 당신이 걷고 싶은 길인가? 놀런은『오늘의 예수』에서 오늘을 살아가는 우리에게 예수를 진지하게 받아들이는 법을 배워야 한다고 제안한다. 그가 이러한 제안을 하는 이유는 다음과 같다.

> 그리스도인이든 아니든 대체로 우리는 예수를 진지하게 받아들이지 않는다. 간혹 특별한 예외가 있겠지만, 대개는 원수를 사랑하지 않고 다른 뺨을 돌려대 주지 않는다. 일곱 번씩 일흔 번을 용서하지도 않고 나를 저주하는 사람에게 축복을 빌어 주지도 않는다. 가난한 사람들에게 내 것을 나누어주지도, 하나님께 모든 희망과 신뢰를 두지 않는다. 그러면서 우리는 저마다 변명거리를 갖고 있다(놀런, 15).

생명이 대량 멸종되는 이 시대에 당신은 진지하게 예수에게 길을 묻고 있는가? 복음서는 예수의 삶과 가르침에 있어서 자연이 매우 중요한 역할을 하고 있음을 보여준다. 예수는 나사렛과 갈릴리 그리고 팔레스타인의 흙먼지 날리는 길을 걸었다. 그는 광야와 외딴곳, 빈들과 산에 머물기를 즐겼으며 갈릴리 호수가와 밀밭에서 하나님 나라에 대한 원대한 꿈을 펼쳐 보였다. 그분은 회당에서 가르치기도 하였으나 중요한 가르침들은 산 위에서, 갈릴리 호수가에서, 들녘에서, 길 위에서 이루어졌다(참고 마 5:1, 13:1, 14:13-21, 막 4:1, 6:31-44, 눅 9:10-17,

요 6:1-13 등).

프랑스 근대사상가 르낭은 『예수의 생애』에서 예수가 사역하였던 갈릴리 인근 마을의 모습을 아름답게 그렸다. 우리는 르낭이 그린 예수에 대한 신학적 질문을 던질 수 있지만, 예수가 살던 고향의 모습, 예수가 걸으셨던 곳, 예수가 쉬셨던 물가 그리고 예수가 살던 주변 세상에 대한 묘사만큼은 오늘날 산업화되고 도시화된 관광지 갈릴리보다 훨씬 정확하게 묘사된 것은 분명하다.

그는 가버나움 근방의 게네사렛(갈릴리) 호수 북쪽 연안에 앉아 있다. 거기서 호수를 한눈에 관망할 수 있다. 수많은 사람이 그의 말을 듣고 있다. 아주 긴장된 순간이다. 이 호수가는 예배당이요 농부와 어부들은 회중이다. 갈릴리는 이제 막 봄에 접어들었다. 마치 꽃밭에 있는 것처럼 공기는 향기롭다. 예수는 산꼭대기에 앉아 오른편으로는 골란고원, 왼편으로는 갈릴리의 언덕을 바라보고 있다. 그 주변 나무에는 연푸른빛이 돋아나고 갖가지 아름다운 색깔의 꽃이 피어나고 새싹이 움트고 있다. 예수의 바로 앞에는 호수의 드넓은 정경이 펼쳐진다. 그 옆에는 봄꽃이 찬란한 미소를 머금고 있다. 이날 호수가의 풍경은 마치 하나님이 예수를 위해 바로 그날 만들어주신 듯하다. 예수는 이 '축복의 산'에서 '복이 있는 사람'에 대해 말한다. 그가 꿈꿔왔던 것이 여기에서 언어가 되었다. 이제 예수는 자신의 말을 통해 생명의 선물을 받아서 그것을 다른 이들에게 나눠줌으로써 이 땅과 인간이 새로워질 수 있도록 한다(르낭, 442-443).

르낭은 "예수는 이 도취시키는 듯한 환경에서 나고 자랐다"라고 묘사한다. 예수가 걷고 걸었던 그곳 "주변은 아늑하고 아름다워 세계 어디를 가도 여기만큼 절대의 행복을 꿈꾸기에 알맞은 곳은 없다"고 일러준다. 그는 "웃음을 머금은 듯하면서도 웅대한 이 자연이 예수가 배운 것의 전부였다"라고 말한다. 예수의 가르침은 "자연의 정기와 들의 향기가 넘쳐흘러 시원하고 아름다웠다. 그는 꽃을 좋아하여 자신의 가장 매력 있는 가르침을 꽃에서 따왔다. 하늘의 새와 바다와 산과 어린아이들의 유희가 번갈아 그의 설교에 나오곤 하였다."

영성가 헨리 나우웬이 말하듯이 자연은 하나님의 모국어라면, 예수는 하나님의 모국어를 가장 잘 이해하신 분이다. 그는 갈릴리 자연에서 배우고, 자연과 함께, 자연 안에서 하나님 나라 꿈을 펼쳐 보이셨다. 예수는 창조 세계를 관상적 시선(contemplative gaze)으로 보셨다. 그의 눈에 보이는 창조 세계는 하나님의 돌봄의 손길이 가득했다. 그가 들려준 하나님은 생명의 소중함을 헤아리는 분이며 공중의 새와 들꽃, 참새 한 마리까지 긍휼과 자비로 돌보는 분이시다(참고 마 6:28, 10:29, 눅 12:6, 12:27). 그렇기에 예수는 하나님의 다양한 피조물들과 친밀감을 보이셨고, 자연의 순리에 익숙하셨다. 그는 피조 세계를 정복하고 통제하라고 요구하지 않았다. 오히려 산상수훈이나 하나님 나라 비유에 등장하는 창조 세계는 하나님의 지혜와 보화가 담긴 스승에 가까웠다.

예수는 하나님 나라와 십자가 사건 모두 씨앗 이야기를 통해 들려준다. 마가복음 4장에 나오는 하나님 나라에 대한 비유를 들어보라. 예수는 마가복음 4장에서 다음과 같이 말씀하셨다.

> [26]또 이르시되 하나님의 나라는 사람이 씨를 땅에 뿌림과 같으니
> [27]그가 밤낮 자고 깨고 하는 중에 씨가 나서 자라되 어떻게 그리 되는지를 알지 못하느니라
> [28]땅이 스스로 열매를 맺되 처음에는 싹이요 다음에는 이삭이요 그 다음에는 이삭에 충실한 곡식이라
> [29]열매가 익으면 곧 낫을 대나니 이는 추수 때가 이르렀음이라

예수는 씨앗이 뿌려지고, 싹이 트고, 성장하는 모습을 하나님 나라의 주요 주제로 등장시켰다. 그분은 삶과 죽음, 십자가와 부활, 소명과 고난에 대한 이야기를 "내가 진실로 진실로 너희에게 이르노니 한 알의 밀이 땅에 떨어져 죽지 아니하면 한 알 그대로 있고 죽으면 많은 열매를 맺느니라"(요 12:24)라고 말씀하신다. 이렇게 예수는 자신의 소명을 자연의 언어를 통해 청중들에게 전달하였다.

생태 위기는 그리스도인들에게 십자가에 달리신 예수를 새로운 눈으로 바라보게 하며, 부활하신 그리스도를 우주적으로 노래한 바울과 요한의 신학을 더욱 긍정할 수 있게 만든다. 신학자 몰트만은『예수 그리스도의 길』에서 그리스도가 경험한 십자가의 고난과 자연의 고난이 분리될 수 없음을 분명하게 말한다.

예수는 모든 살아 있는 것을 위해 죽었다. 다시 말하여 그는 '죄인들의 죽음'과 그 자신의 '자연적인 죽음'을 당하였을 뿐만 아니라 허무에 예속되어 신음하는 모든 피조물, 인간 피조물은 물론 인간 외의 피조물들과의 연대성 속에서 모든 살아 있는 것의 죽음을 죽었다. 이 죽음은 창조 안에 있는 비극의 표식인데, 이 표식은 죽은 그리스도의 부활 때문에 영광 속에 있는 새 창조에 대한 우주적 희망으로 해석된다(롬 8:19ff). 예수는 모든 신음하는 피조물과 함께 모든 살아 있는 것의 죽음을 죽었다. 그러므로 '그리스도의 고난'은 모든 피조물이 당하고 있는 '이 시대의 고난'이기도 하다(롬 8:18) (몰트만, 247).

인류의 가장 큰 죄악은 창조 세계를 하나님과 분리시켜 무가치한 존재로 전락시킨 것과 그 안의 생명을 무참히 살해하는 행위이다. 지구공동체 위에서 진행되는 대량멸종은 인간의 멸종까지 불러일으킬 수 있음에도, 인류는 지구를 파괴하는 행위를 멈추지 않고 있다. 몰트만의 지적처럼 이것은 지구의 수난이 곧 그리스도의 고난임을 깨닫게 하며, 신음하는 피조물들이 십자가의 구원을 고대하고 있음을 알게 한다.

초기 그리스도인들은 그리스도의 우주적 범주를 찬양하였다(요 1:1-14, 골 1:15-20, 히 1:2-3). 만물은 그분 안에서 창조되었고, 그분 안에서 유지되며, 그분 안에서 화해되었다. 만물은 보이지 않는 하나님의 형상인 그리스도 안에서 창조되었다. 그리스도는 만물과 함께 계시고, 모든 만물을 지탱하시고 유지하신다. 한걸음 더 나아가 십자가 위에서 하나님 자신은 만물과 화해를 이루셨다.

예수는 생태적인가? 그렇다. 예수는 생태적이다. 복음서에 나오는 예수는 생태 운동가나 생태 사상가는 아니다. 그러나 그는 창조 세계의 아름다움을 음미할 수 있는 시인이었고, 그 속에서 하나님의 지혜를 읽는 순수한 영혼의 지혜자였다. 예수가 초대교회 교인들에게 길이 되었듯이, 생태적 예수는 오늘 21세기를 걷는 그리스도인들에게 길이 된다. 예수는 여전히 세계변혁과 인간 내면 변혁의 중심에 서 있기 때문이며, 예수를 만난 이들은 삶이 바뀌었고 변하였기 때문이다.

성경은 생태적인가?

두 번째 질문이다. 성경은 생태적인가? 1967년 린 화이트는 그리스도교와 성경은 인간 중심적이며 위계적 이원론적 사상을 가지고 있고, 그 사상들이 생태 위기의 근본적인 원인이라고 통렬하게 비판하였다. 이러한 그의 비판은 생태신학과 생태적 성경읽기의 필요성을 불러일으켰다. 그렇다면 화이트의 주장처럼 성경은 인간과 자연의 관계에 있어서 인간 중심적이며, 위계적인 이원론적 태도를 견지하고 있는가? 아니면 다른 목소리도 내포하고 있는가?

이 질문에 응답하기 위하여, 우리는 몇 가지 개념과 전제를 인정할 필요가 있다. 먼저 성경은 하나님의 감동에 의해 인간이 기록한 것으로, 그 안에는 하나님과 인간 그리고 창조 세계가 중심주제로 등장한다. 그럼에도 인간 중심주의 시각에 경도되어 성경을 읽어왔던 이들은 창조 세계를 주목하지 않았다. 창조 세계를 주목하라고 하면, 오히려 거부감을 보이기까지 한다. 브리테니카 백과사전에 의하면, 인간 중심주의(anthropocentrism)에 대한 정의는 다음과 같다.

세상에서 인간이 중심이며, 가장 중요한 실체라고 여기는 생각이다. 이것은 서구 종교와 철학에 내재된 기본적인 신념이다. 인간은 피조 세계와 분리되어 있고, 그것들보다 우월하며 인간만이 본질적 가치를 갖는다. 반면 다른 존재들은 인간의 이익을 위해 이용될 수 있는 자원에 불과하다.

인간 중심주의와 함께 위계적 이원론은 근대 서구 정신의 기본 토대였다. 위계적 이원론은 다음과 같은 입장이다: 인간은 자연으로부터 분리되어 있고, 자연보다 더 중요하다. 남자는 여자로부터 분리되어 있고, 여자보다 더 가치가 있다. 하나님은 세상으로부터 완전하고 단순하게 분리되어 있고, 모든 것보다 중요하다. 이러한 생각에 따르면, 인간과 자연, 남자와 여자, 하나님과 세상에서 후자는 본질적인 가치가 적거나 전혀 없으며 전자를 위해 이용되기 위한 존재로 인식한다. 그러한 연유로 화이트 이후 많은 이들은 그리스도인들의 인간 중심적이며 남성 중심적 성경해석이 생태 위기의 근원이라고 지적하였다.

또한 생태적 관점에서 성경을 읽기 위해 최소한 인정해야 할 전제는 성경 본문의 다양성과 모호성이다. 인간 중심주의 논란의 중심에 서 있는 "지배하고 정복하라"(창 1:28)라는 구절이 있는가 하면, 그와 반대로 "지키고 돌보라"(창 2:15) 구절이 있다. 또한 성경은 우주적 대파멸이 구원의 전제인 것으로 이해되는 부분이 있는가 하면(엘 1:15, 암 5:18-20, 살전 5:2), 창조 세계는 그리스도 안에서 갱신되며 회복될 것을 말하는 구절들이 있다(시 102:25-27, 롬 8:20-21, 엡 1:10, 골 1:15-20). 또한 어떤 부분은 명시적인 생태적 함의를 내포한 구절이 있는가 하면, 명시적으로 드러나지 않는 구절도 있다. 이러한 이유로 성경 본문의 가치와 타당성 그리고 우리가 즐겨 인용하거나 외면하는 본문이 시대에 따라 달라졌던 것은 사실이다.

천체물리학자 아인슈타인은 "문제를 만들 때와 같은 사고 방식으로는 그 문제를 해결할 수 없다"고 말한다. 이 말이 우리에게는 인간 중심주의적 태도가 생태 위기를 불러일으킨 원인이 되었다면, 그 방식으로 성경을 읽어서는 생태 위기를 극복할 수 없다는 뜻이 된다. 성경을 생태적으로 읽기 위해 다양한 시도가 있는데 그 중 녹색 성경(The Green Bible)과 지구 성경 프로젝트(The Earth Bible Project)를 간략하게 소개하겠다.

녹색 성경(The Green Bible)

2008년 녹색 성경은 다양한 신앙과 신학적 배경을 가진 이들에 의해 편집되었다. 서문 격으로 이 성경 편집에 필요했던 10가지 주제에 대한 글이 있다. 성경 본문은 신약성경에서 예수의 말씀이 붉은색(red)으로 표시된 성경이 있는 것처럼, 생태적 구절을 녹색(green)으로 표시하였다. 서문에서 그들은 성경을 읽기 전 몇 가지 질문을 던진다. 하나님은 생태적이실까? 예수께서 생태와 환경에 대하여 말씀하신 것이 있을까? 그리스도인으로서 지구와 생태를 돌봐야 하는 역할은 무엇일까? 이와 같은 질문을 가지고 성경을 읽고 연구하기 시작한 그들은 성경에서 다음 네 가지가 분명하게 드러난 구절을 1,000개 이상 뽑아 녹색을 입혔다.

■ 하나님과 예수가 어떻게 모든 창조물과 상호 작용하며, 보살피고, 친밀하게 관여하고 있는가.

■ 창조의 모든 요소? 땅, 물, 공기, 식물, 동물, 인간—이 어떻게 상호의존적인가.

■ 자연은 하나님께 어떻게 응답하는가.

■ 창조 세계 돌봄을 위한 우리의 임무는 무엇인가.
녹색 성경의 편집위원 중 한 사람인 드윗(C. DeWitt)은 "생태적 렌즈를 통해 성경읽기"에서 창조 세계 돌봄에 관한 여덟 가지 성경적 원리들을 발견하고 천명하였다.

■ 지구 지킴의 원리: 하나님께서 창조 세계를 돌보며 지키듯이, 인간도 하나님의 창조 세계를 돌보며 지켜야 한다(창 2:15).

■ 결실의 원리: 우리는 창조 세계의 풍성한 결실을 파괴하지 않고 즐거워해야 한다(창 1:20, 22, 24, 시 104:10-13).

■ 안식일 원리: 우리는 창조 세계에 안식일을 제공해야 한다 (출 23:10-11, 레 26:3-4, 14-15, 33-35, 사 58:13-14).

■ 제자도 원리: 우리는 창조주, 유지주 그리고 모든 것을 화평하게 하시는 주님의 제자이다(골 1:16, 20, 요 1:3, 히 1:3).

■ 하나님 나라 우선 원리: 우리는 먼저 하나님 나라를 구해야 한다(마 6:33, 6:9-13).

■ 자족의 원리: 우리는 참된 자족함을 추구해야 한다(시 119:36, 딤전 6:6, 11, 히 13:5).

■ 실천의 원리: 우리는 우리가 믿는 것을 실천해야 한다(야

2:19, 겔 33:31-32, 눅 6:46).

■ 보존의 원리: 우리는 창조 세계가 우리에게 보여준 돌봄을 이
제 창조 세계를 향해 돌려주어야 한다(창 2:15, 고전 15:22, 45).

녹색 성경은 성경을 진지하게 읽는 그리스도인들에게 생
태적 의식을 함양하며, 창조 세계 돌봄을 위한 청지기적 사명
으로 초대하였다.

지구 성경 프로젝트(The Earth Bible Project)

호주의 성서학자인 노만 하벨과 그 동료들은 생태적 해석
학을 발전시키기 위해 지구성경 프로젝트를 진행하고 있다.
그들은 피조 세계 전체를 의미하는 지구(Earth)가 단지 인간을
위한 배경이며, 인간을 위한 재료인가 아니면 내재적 가치(in-
trinsic value)를 지닌 주체(subject)인가 묻는다. 지구가 목소리
를 지닌 가치의 주체로 이해되는가 아니면 착취되는 객체인가
물으며, 하벨과 동료들은 이 프로젝트의 목적을 여섯 가지로
밝힌다.

■ 우리 서양의 해석자들은 오랫동안 인간 중심적이고 가부장
적이며 남성 중심적인 태도로 성경을 이해하는 것을 유산
으로 가지고 있다. 이렇게 성경을 읽는 것은 지구를 매우 가
치 없게 여기는 것이고 여전히 우리에게 성경을 읽는 방법

에 대해서 여전히 영향을 미치고 있다.

- 성경을 읽기 전에 우리는 인간 공동체의 한 사람으로서 지구와 창조 세계를 파괴하고, 억압하고 지구공동체의 존립을 위태롭게 했다는 사실을 선언한다.
- 성경과 대화를 통해 우리는 우리 자신이 멸종위기에 처해 있는 지구공동체의 일원이라는 사실을 의식한다.
- 성경 본문 안에서 지구가 주체라는 사실을 인식하는 것으로 이는 이성적으로 분석하는 방법이 아닌 공감적인 관련성을 추구한다.
- 생태정의(ecojustice)의 근거를 찾고, 지구와 지구공동체가 억압을 받는지, 침묵하는지 또는 해방되는지를 본문 안에서 규명한다.
- 지구의 목소리와 억압받았던 지구공동체의 목소리를 분별하고 회복할 수 있는 성경 읽는 기술을 개발하는 것이다. 이러한 목적으로 성경을 생태적으로 읽기 시작한 그들은 성경에서 생태 정의 원리를 발견하였다. 생태 정의의 원리는 다음과 같다.
- 내재적 가치 원리: 우주, 지구 그리고 그 안의 모든 구성원은 자체의 내재적 가치를 지녔다.
- 상호연관성 원리: 지구는 서로 연결된 생명체들의 공동체이며 모든 생명체는 자신의 삶과 생존을 위해 다른 생명체들에 상호의존하며 산다.

- 목소리 원리: 지구를 정의를 축하하거나 불의에 저항하는 목소리를 지닌 주체이다.
- 존재 목적의 원리: 우주, 지구 그리고 그 안의 모든 구성원은 역동적인 우주의 최종적인 목적에 이르는 과정에 필요한 존재의 목적이 있고 그에 부합한 역할을 갖는다.
- 상호돌봄의 원리: 지구는 조화롭고 다양한 이들의 공동체이다. 모든 구성원은 지배자가 아닌 파트너로서 책임 있는 돌봄과 균형으로 다양한 지구공동체를 유지하기 위해 역할을 수행한다.
- 저항의 원리: 지구와 구성원들은 인간의 부정의에 의해 고통을 받을 뿐 아니라 그들에게 저항하여 정의를 추구한다.

지구 성경 프로젝트는 인간 중심주의적인 태도로 성경을 읽는 것을 지양하며, 창조 세계와 인간이 친족 관계로 상호 밀접하게 연관되어 있음을 인식하게 성경을 읽으라고 권면한다. 서양학자들이 오랫동안 성경 안에서 창조 세계가 중요한 역할을 하고 있다는 사실을 무시해왔지만, 하벨과 그의 동료들은 지구와 지구에 속하는 모든 이를 목소리를 지닌 주체로 여기는 것을 핵심으로 보았다. 비록 어떤 본문들은 창조 세계의 목소리가 분명하고 다른 곳에서는 분명하지 않음에도 지구와 공동체를 구성하는 모든 이들의 목소리가 들려져야 한다는 것이다.

성경은 생태적인가? 그렇다. 성경은 생태적이다. 녹색 성경은 생태 위기 시대를 살아가는 다양한 배경을 지닌 그리스도인들이 생태적인 시각으로 성경을 읽도록 제안한다는 점에서 큰 의미가 있다. 그들이 녹색을 입힌 천여 개 이상의 성경 구절은 성경을 읽는 이들로 하여금, 잠시 멈추고 그 말씀을 생태적인 시각에서 이해하려는 노력을 부추길 것이다. 녹색 성경이 성경 본문을 출발점으로 삼는다면, 지구 성경 프로젝트는 더 과감하게 창조 세계를 주체로 인식하며 그들이 지닌 내재적 가치와 목소리에 귀를 기울일 것을 요청한다. 지구공동체 안에서 살아가는 인간과 모든 피조물이 주체들의 연합임을 인식하고 성경을 읽게 된다면, 성경은 생태 위기를 극복하고 새로운 비전을 제시하는 영적·역동성의 샘이 될 것이다.

창조 세계는 거룩한 복음(The Gospel of Creation)인가?

생태영성의 근간을 이루는 세 번째 질문이다. 창조 세계는 거룩한 복음인가? 그리스도교는 하나님 말씀인 책으로서 성경과 하나님 작품으로서 책인 창조 세계라는 두 권의 책을 가지고 있다. 하나님을 드러내는 계시의 원천을 창조 세계와 성경 전체로 본 것이다. 이러한 전통은 그리스도교 안에서 창조 세계를 거룩한 책 또는 거룩한 복음으로 이해하게 하였다. 비록 전면적인 목소리는 아니었지만, 2,000년 그리스도교 전통 안에는 창조 세계를 거룩한 책으로 대하는 이들이 꾸준히 존재하였다.

시편 19편은 "하늘은 하나님의 영광을 이야기하고, 창공은 그분의 솜씨를 알리네. 낮은 낮에게 말을 건네고 밤은 밤에게 지식을 전하네"로 시작한다. 하늘과 창공, 낮과 밤은 하나님을 드러내고 있다. 바울은 로마서 1:20에서 "하나님의 보이지 않는 본성 곧 그분의 영원한 힘과 신성을 피조물을 통하여 알아보고 깨달을 수 있게 되었다"라고 증언한다. 이들에게 하나님의 창조 세계는 거룩한 책으로, 그 책 안에는 하나님에 대한 앎과 지식을 드러냈다.

창조 세계를 거룩한 책으로 이해한 신앙의 유산은 비교적 풍부하다. 아우구스티누스는 마니키안과 논쟁을 벌일 때, "하나님은 모든 창조 세계의 저자이며, 자연을 위대한 책"이라 말한다. 그는 글로 쓰인 성경은 소수만이 읽을 수 있지만, 창조 세계라는 책은 보통의 교육을 받지 않는 사람에게 열려 있다며, 다음과 같이 말했다.

하나님의 페이지가 당신에게 책이 되게 하라. 그러면 당신은 [성경을 통하여 하나님 음성을] 들을 것이다. 또한 모든 세상이 책이 되도록 하라. 그러면 당신은 [하나님을] 보게 될 것이다.

어떤 사람들은 하나님을 발견하기 위해 책을 읽는다. 그러나 여기에 창조된 것의 출현, 위대한 책이 있다. 위를 보라. 아래를 보라. 주목하라. 그리고 읽으라. 당신이 발견하기 원하는 하나님은 결코 잉크로 그 책을 쓰지 않았다. 오히려 그는 그가 창조하신 것을 당신의 눈앞에 펼쳤다. 이것보다 더 큰 목소리를 청할 수 있는가? 왜 하늘과 땅은 당신에게 하나님이 나를 지으셨다고 소리치는가!

토마스 아퀴나스는 창조의 다양성 안에서 하나님의 선성 (the divine goodness)을 발견하며, 모든 창조물 안에서 삼위일체 흔적이 발견된다고 하였다.

모든 창조물 안에는 삼위일체의 흔적이 발견된다. 모든 창조물 안에서 필연적으로 신적 위격으로 환원되는 원인이 발견되는 한에서 그러하다. 모든 창조물은 다 자체의 존재 안에 실재하며 형상을 갖는데, 이 형상으로 말미암아 종이 결정되고 다른 것과 관계를 갖는다. 그것은 창조된 실체인 만큼, 그것의 원인과 원리로 표현된다. 또한 이러한 방식으로 원리 없는데서 온 원리이신 아버지의 위격이 드러난다. 마찬가지로 그것이 어떤 형상과 종을 갖는 만큼 말씀을 표현하는데, 이는 기술에 의해 만들어진 것의 형상이 공작인 개념으로부터 존재하게 되는 것과 같다. 그것이 질서 관계를 갖는 만큼 그분은 사랑이시므로 성령을 표현하는데, 왜냐하면 다른 어떤 것에 미치는 효과의 질서는 창조자의 의지로부터 있는 것이기 때문이다.

창조 세계를 거룩한 책으로 대한 태도는 중세 신학에서 더욱 빛을 발한다. 보나벤투라(1221-1274)는 하나님이 바라보셨던 그 눈으로 창조 세계를 바라보고 사랑하지 못한 것에 대해 다음과 같이 이야기한다.

그러므로 누구든지 창조 세계를 통해 드러나는 하나님의 장엄함을 보지 못한 사람은 눈먼 사람이다. 창조 세계의 외침에 깨어나지 않는 사람은 눈먼 사람이다. 창조 세계가 하나님을 찬양하도록 일깨우는데 하나님께 찬양을 드리지 않는 사람은 벙어리이다. 그러므로 눈을 뜨라. 여러분의 영적 스승에게 주의를 기울이라. 여러분의 입술을 열고 마음을 열라. 그렇게 함으로써 모든 창조 세계 안에서 하나님을 보고 듣고, 찬양하고, 사랑하고, 경배하고, 확대하고 존경하라.

보나벤투라는 창조 세계를 통해 하나님의 음성을 듣지 못하고 보지 못한 사람을 벙어리, 눈먼 자, 귀머거리라고 강하게 비판한다. 만약 창조 세계 안에서 하나님을 찬양하지 않는다면 모든 창조 세계가 일어나서 저항할 것이라고 한다. 또한 보나벤투라는 하나님의 창조행위와 하나님 사랑을 연결하여 설명하였다. 하나님은 자신을 사랑 안에서 드러내셨고 그 사랑을 표현하는 방법으로 두 가지를 드러내셨다. 그에게 있어서 창조 세계 모두는 하나님의 "작은 말씀"이다. 그렇기에 창조 세계는 성스럽기까지 한 것이다.

> (하나님은) 자기 계시의 통로로 지각할 수 있는 세상, 마치 하나
> 님의 거울이나 신적 발자국을 창조한 것이다. 따라서 두 권의 책
> 이 있다. 한 권은 하나님의 영원한 재능과 지혜로 (성서 안에) 기
> 록된 것이며, 다른 하나는 지각을 통해 (책 밖에) 기록된 것이다.

창조 세계를 거룩한 책으로 이해한 전통은 하나님의 절대
주권을 강조하며 성경을 강조했던 종교개혁가들의 글 안에서
도 그대로 나타난다. 루터는 "하나님은 단지 성경에만 복음을
기록하지 않았다. 그분은 또한 무한한 나무와 꽃과 구름과 별
위에 복음을 기록하였다." 그래서 "모든 창조 세계는 가장 아
름다운 성경이다. 그 안에서 하나님은 당신 자신을 묘사하였
고 그렸다"고 말한다. 칼뱅 또한 기독교 강요와 설교 곳곳에서
눈을 열고 창조 세계 안에 있는 하나님의 장엄함을 보라고 초
대한다. 루터나 칼뱅의 창조 세계에 대해 긍정한 내용은 가장
오래된 개혁교회 전통의 신조라 여겨지는 벨기에 신앙고백서
안에서도 발견된다.

> 우리는 그분(하나님)을 두 가지 방법을 통해 안다. 첫 번째는 창
> 조, 보전 그리고 우주의 법칙이다. 이것은 우리 눈앞에 가장 고귀
> 한 책이다. 크든 작든 모든 창조물 안의 다양한 특징들은 우리로

하여금 바울의 고백처럼 '명확하게 보이지 않는 하나님, 더욱 그분의 영원한 힘과 신성을 보게 이끈다'(로마서 1:20).

창조 세계를 거룩한 책으로 여기는 이러한 흐름은 현대 생태신학과 생태영성을 통하여 관심이 증가하고 있다. 신학자들은 과학자들이 자연을 연구함에 있어 하나님의 범주를 제외시킴으로써 기계론적 세계관을 지향하였고 생태파괴의 기초를 제공한 것을 잘 인식하고 있다. 맥페이그, 내시 그리고 캅, 드윗 등은 자연이라는 책을 다시 주의 깊게 연구함으로써 창조 세계를 이해하고 자연에 대한 존중심 갖기를 권면하고 있다. 동시에 이러한 신학자들은 자연 세계를 책으로 보았던 기독교 전통은 반드시 창조주와 관련하여 읽혀야 함을 주의 깊게 논증하고 있다. 커밍스는 "생태영성은 창조 전체를 큰 존경과 애정 어린 관심을 갖고 다루어져야 하는 한 권의 책, 신성한 책, 자연 속에 드러난 하나님의 자기현시에 관한 책으로 간주하고 있다"라고 말한다. 이 신학자들은 자연이 거룩한 책이라는 전통을 재발견하여 그 안에서 창조의 사역을 계속하는 저자 창조주 하나님께 관심을 갖도록 초대하고 있다.

창조 세계는 거룩한 복음인가? 그렇다. 그리스도교 전통은 창조 세계를 단순한 물질로 보지 않고 거룩한 책으로 여겨왔다. 창조 세계를 성스러운 실재의 현존으로 보는 것은 매우 시급한 과제이다. 창조 세계가 거룩한 책이며 하나님의 선물로 받아들

여질 때, 우리 삶의 태도는 얼마나 변할 수 있겠는가? 생태 위기를 극복하기 위해 그리스도인들은 거룩한 창조 세계라는 복음을 듣고 읽어야 한다. 창조의 책을 더 능숙하게 읽기 위해서 그것을 존경과 애정을 가지고 다루면서 그리스도께서는 구세주이고 창조주임을 상기하는 것이 도움이 될 것이다. 우리는 구세주로서 그리스도를 잘 알고 있는 반면에 우리는 창조주로서 그리스도를 이해하는 것을 소홀히 하는 경향이 있다. 창조 세계를 그리스도가 드러내는 거룩한 복음으로 보기 시작할 때, 우리는 창조 세계를 파괴하는 것이 얼마나 지독한 신성모독 즉 그리스도의 몸을 파괴하는 것임을 깨닫게 될 것이다.

생태적 눈뜸

우리 그리스도인들은 모든 피조물의 참 주인을 창조주 하나님으로 고백한다. 우리 그리스도인들은 예수 그리스도를 생명의 주로 고백하며, 이 땅에서의 생명뿐만 아니라 영원한 생명까지 소망한다. 우리 그리스도인들은 성령님을 죽음을 이긴 생명의 영으로 고백하며 믿는다. 뭇 생명체가 파괴되며 멸종을 맞이하는 이때, 우리 그리스도인들은 어떻게 응답해야 하는가? 하나님은 모든 존재를 창조하셨고, 예수 그리스도는 그들을 유지하고 계시며, 성령께서 그리스도의 한 몸으로 이끌어 가는데, 우리는 하나님의 창조 세계에 대해 눈멀고, 귀먹고,

마음을 닫고, 피조 세계를 파괴하고 있지는 않는가?

코로나19가 전령으로 드러낸 생태 위기의 본질에는 인간과 자연이 맺는 왜곡되고 그릇된 관계에 있다. 그리스도인들은 오랫동안 인간 중심주의와 위계적 이원론에 사로잡혀 창조세계를 발전의 도구나 재료로 이해하였다. 그 결과 우리는 생태계 위기를 넘어, 우리가 멸종을 맞이할 수 있음을 인식하는 첫 번째 세대가 되었다. 다음 세대와 후손에게 가장 무책임한 세대가 되어버렸다.

생태 사상가 베리는 "그리스도교의 미래는 그리스도인이 지구의 운명에 대해 자신에게 책임이 있음을 받아들이는 자세에 달려있다"라고 말하며 "만일 지구가 실패한다면, 우리는 단순히 그리스도인으로서만이 아니라 인류로서도 실패한다"고 말한다. 우리를 생태시대의 그리스도인으로 초대하는 음성이다. 이 초대에 응답하기 위해 첫째, 우리는 생태적인 눈으로 예수 그리스도를 바라보아야 한다. 하나님의 피조물을 관상적 시선으로 바라본 예수를 바라보며, 그분이 창조 세계와 맺었던 친밀한 관계를 따라야 한다. 둘째, 우리는 생태적인 눈으로 성경을 읽어야 한다. 생태적 렌즈를 통한 성경 읽기를 통해 우리는 모든 피조물이 목소리를 지닌 주체임을 인식할 때, 창조세계를 "지키며 돌보라"(창 2:15)는 말씀에 응답할 수 있을 것이다. 셋째, 우리는 생태적인 눈으로 창조 세계를 바라보아야 한다. 하나님의 거룩한 책인 창조 세계를 읽을 수 있는 생태적

눈뜸이 필요하다. 이때 우리 그리스도인들은 지구공동체의 생
명과 약속 가능한 미래를 위해 생태적 헌신의 새로운 길을 걷
게 될 것이다.

만물이 그분에게서 나와, 그분을 통하여, 그분을 향하여 나아가며
(롬 11:36).

그리스도께서는 만물 앞서 계시고, 만물은 그분 안에서 존속합니다
(골 1:17).

참 고 문 헌

최광선 (2014). 생태영성 탐구: 창조 세계를 거룩한 책으로 실행하는 렉시오 디비나는
가능하가? 신학과 실천, 38.
에르네스트 르낭 (2010). 예수의 생애, 서울: 창.
앨버트 놀런 (2011). 오늘의 예수, 왜관: 분도
위르겐 몰트만 (2017). 예수 그리스도의 길, 대한기독교서회.
찰스 커밍스 (2015). 생태영성, 서울: 성바오로.
토마스 베리 (2013). 지구의 꿈, 서울: 대화.
토마스 베리 (2011). 그리스도교 미래와 지구의 운명, 서울: 성바오로.
The Green Bible (2008). HarperOne. The Earth BibleProject:
    http://www.webofcreation.org/Earthbible/earthbible.htm

생태 이론 다시보기

1. "코로나19" 하면 어떤 생각이 떠오르나요?

2. 예수는 생태적인가요?
   그렇다면 생태적 예수는 어떤 모습인가요?

3. 성경은 생태적인가요?
   그렇다면 녹색성서는 어떤 주제들이 있나요?

4. 지구성경 프로젝트는 어떤 것인가요?

5. 창조 세계는 거룩한 복음일까요?

떼제의 묵상 기도

　프랑스 동부의 작은 마을 떼제에 있는 초교파 수도원인 '떼제공동체'는 전 세계에서 매년 수만 명의 젊은이가 찾아가는 순례지입니다. 여러 나라, 다양한 전통의 그리스도인들이 함께 드리는 떼제의 예배는 참석자들이 자신의 내면으로 깊이 들어가는 묵상적인 성격이 크지만 노래와 침묵, 성경 말씀의 단순한 요소로 이루어져 있어 누구나 함께할 수 있습니다.

　짧고 심오한 가사로 이루어져 있는 떼제의 노래는 여러 차

례 반복해서 부르는 것이 특징입니다. 너무 큰 소리로 부르기보다 노랫말을 새기며 그 뜻이 마음속에 깊이 스며들도록 합니다. 기타 같은 악기 반주가 있으면 좋고 여러 성부로 부를 수 있으면 더 좋지만 반드시 그래야 하는 것은 아닙니다. 참석자모두가 함께 부르며 기도하고 묵상하는 것이 중요합니다. 성가대가 있더라도 회중의 노래를 뒷받침하는 것이어야 합니다. 같은 노래를 반복해서 부르지만 템포가 더 빨라지거나 느려지지않고 음이 처지지 않도록 유의합니다. 순서지를 미리 준비해서사회자의 안내가 필요 없이 예배를 진행합니다. 노래의 시작과끝을 정하는 사람이나 예배의 진행자가 있더라도 너무 표시나지 않도록 하여 묵상 분위기를 유지하는 것이 좋습니다.

　예배를 시작하기 전에 참석자들이 자리를 잡으면서 조용한 가운데 마음을 모읍니다. 묵상적인 분위기를 만드는 데 도움이 되도록 기타 같은 악기로 반주 음악을 연주하거나 클래식 연주 음반을 틀 수도 있습니다. 자연의 아름다움을 보고 느낄 수 있는 야외에서 이 예배를 드리면 좋고 실내에서 하는 경우 계절에 맞는 식물과 채소 과일 꽃과 초 등으로 소박하면서도 아름답게 제단을 꾸미는 것이 좋습니다.

노래(찬양)

악보 참조 : "함께 부르는 떼제 찬양" - 신앙과지성사

"함께 드리는 떼제 기도" - 신앙과지성사

▶ 주님을 찬양하라 온 세상이여

▶ 항상 주님께 감사하며

▶ 주님 나라는 의와 평화

▶ 시편 148 + 할렐루야 11

후렴은 시작과 끝, 구절 사이로 회중이 함께 부른다. 시편은 독창
자(들)가 노래하거나 남녀 두 명이 돌아가면서 읽는다.

— 할렐루야 x 2

1. 할렐루야. 하늘에서 주님을 찬양하여라. 높은 곳에서 주님

을 찬양하여라. 주님의 모든 천사들아, 주님을 찬양하여라.
주님의 모든 군대야, 주님을 찬양하여라.

— 할렐루야

2. 해와 달아, 주님을 찬양하여라. 빛나는 별들아, 모두 다 주
님을 찬양하여라. 하늘 위의 하늘아, 주님을 찬양하여라. 하
늘 위에 있는 물아, 주님을 찬양하여라.

— 할렐루야

3. 너희가 주님의 명을 따라서 창조되었으니, 너희는 그 이름
을 찬양하여라. 너희가 앉을 영원한 자리를 정하여 주시고,
지켜야 할 법칙을 주셨다.

— 할렐루야

4. 온 땅아, 주님을 찬양하여라. 바다의 괴물들과 바다의 심연
아, 불과 우박, 눈과 서리, 그분이 명하신 대로 따르는 세찬
바람아, 모든 산과 언덕들, 모든 과일나무와 백향목들아,

— 할렐루야

5. 모든 들짐승과 가축들, 기어다니는 것과 날아다니는 새들
아, 세상의 모든 임금과 백성들, 세상의 모든 고관과 재판관
들아, 총각과 처녀, 노인과 아이들아,

— 할렐루야

6. 모두 주님의 이름을 찬양하여라. 그 이름만이 홀로 높고 높
다. 그 위엄이 땅과 하늘에 가득하다.

— 할렐루야

7. 주님이 그의 백성을 강하게 하셨으니, 찬양은 주님의 모든
   성도들과 주님을 가까이 모시는 백성들과 이스라엘 백성이,
   마땅히 드려야 할 일이다. 할렐루야.
   — 할렐루야 x2

묵상노래(목마른 이들) —————————————————

성경(마태복음 6:26-34) —————————————————

천천히 또렷이 읽도록 미리 준비한 어린이가 복음의 전체 또는
한 부분을 읽을 수도 있다.

공중의 새를 보아라. 씨를 뿌리지도 않고, 거두지도 않고, 곳간에 모
아들이지도 않으나, 너희의 하늘 아버지께서 그것들을 먹이신다.
너희는 새보다 귀하지 아니하냐? 너희 가운데서 누가, 걱정을 해서,

자기 수명을 한 순간인들 늘일 수 있느냐? 어찌하여 너희는 옷 걱정을 하느냐? 들의 백합화가 어떻게 자라는가 살펴보아라. 수고도 하지 않고, 길쌈도 하지 않는다. 그러나 내가 너희에게 말한다. 온갖 영화로 차려 입은 솔로몬도 이 꽃 하나와 같이 잘 입지는 못하였다. 오늘 있다가 내일 아궁이에 들어갈 들풀도 하나님께서 이와 같이 입히시거든, 하물며 너희들을 입히시지 않겠느냐? 믿음이 적은 사람들아! 그러므로 무엇을 먹을까, 무엇을 마실까, 무엇을 입을까, 하고 걱정하지 말아라. 이 모든 것은 모두 이방사람들이 구하는 것이요, 너희의 하늘 아버지께서는, 이 모든 것이 너희에게 필요하다는 것을 아신다. 너희는 먼저 하나님의 나라와 하나님의 의를 구하여라. 그리하면 이 모든 것을 너희에게 더하여 주실 것이다. 그러므로 내일 일을 걱정하지 말아라. 내일 걱정은 내일이 맡아서 할 것이다. 한 날의 피로움은 그 날에 겪는 것으로 족하다.

노래(두려워 말라) ─────────────────────────

침묵(7-8분)

청원의 기도(중보기도) + Kyrie 6 ──────────────

몇 사람이 중보기도를 하나씩 읽고, 회중이 그때마다 함께 키
리에를 부른다. 그 시기에 적절한 기도 제목 몇 개를 덧붙일 수
있다.

■ 우리에게 당신 사랑의 숨결을 주시어 우주와 크고 작은 모
  든 피조물 안에서 주님의 손길을 느끼게 해주소서.
  주여 들어주소서 주여 들어주소서
■ 주님을 찬양하는 마음으로 우리가 창조질서를 보전하고 생
  명을 보호할 수 있도록, 지구를 오염시키거나 파괴하지 않
  고 아름다움을 키워갈 수 있도록 이끌어 주소서.
  주여 들어주소서 주여 들어주소서
■ 우리가 자연을 바라보면서 늘 경탄할 수 있고 모든 창조물
  과 깊이 결합되어 있다는 것을 깨달을 수 있도록 해주소서.
  주여 들어주소서 주여 들어주소서

■ 세계의 평화를 위해, 전쟁과 폭력에 희생된 이들, 또 평화
를 위해 일하는 모두를 기억하며 주님께 기도합니다.

주여 들어주소서 주여 들어주소서

■ 이익과 이윤을 위해서 환경을 파괴하고 가난한 사람들을
희생시키는 이들의 마음을 변화시켜 주소서.

주여 들어주소서 주여 들어주소서

■ 기후변화의 희생자들, 가뭄과 홍수, 메뚜기떼와 쓰나미로
피해를 입는 여러 나라의 농민과 어민들을 위하여, 또 그들
을 돕기 위해 노력하는 이들을 위해 기도합니다.

주여 들어주소서 주여 들어주소서

■ 기후위기의 해답과 대안을 찾고, 자연재해의 피해를 예방
하기 위해 노력하는 모든 이들, 멸종위기에 대처하고 종의
다양성을 보존하기 위해 애쓰는 연구자들과 활동가들을 위
해 기도합니다.

주여 들어주소서 주여 들어주소서

■ 세계 여러 지역에서 물 부족으로 고통받는 사람들을 위해, 해양
오염을 줄이고 막기 위해 애쓰는 이들을 기억하며 기도합니다.

주여 들어주소서 주여 들어주소서

■ 기후변화로 고향을 떠나야 했던 난민들을 위해, 또 그들을
맞이하는 나라와 시민들을 위해 기도합니다.

주여 들어주소서 주여 들어주소서

■ 우리에게 기도를 부탁한 이들과 우리를 위해 기도하는 모

든 이들을 위해 기도합니다.

주여 들어주소서 주여 들어주소서

노래(저 너머 계신 당신) ─────────────

주기도문 ─────────────────────

다 함께 천천히 기도한다

기도: 공중의 새들을 먹이시고 들판의 백합을 자라게 하시는 주님, 당신이 우리에게 베풀어 주시고 우리 삶을 채워주시는 그 모든 것에 우리가 기뻐하고 자족할 수 있게 해주십시오. 모든 피조물과 함께 이제로부터 영원토록 주님을 찬양합니다.

평화의 인사: 인도자나 목회자 혹은 회중 가운데 젊은이나 어린이 한 사람이 "주님께서 주시는 평화를 이웃과 나눕시다."

하고 말한다. 회중은 서로의 손을 잡거나 목례를 통해 주님의
평화를 빌어준다.

노래 ───

▶ 내 영혼이

▶ 사랑의 나눔(Ubi caritas)

▶ 주님 정의가 꽃피는 세상

https://youtu.be/loqbQFsXU9k

동영상 링크 및 QR 코드

*본 기도서로 예배를 드리는 영상이 담겨있습니다.

나의 경건한 삶 실천하기

1. 매일 식사 전에 기도하는 마음으로 곡물과 채소 과일이 식탁에 오르기까지 햇빛과 비, 바람과 땅을 통해 베푸신 창조주 하나님의 은혜와 농민의 수고를 생각한다.

2. 하루 중 10-15분 정도 침묵 가운데 자연과 인간을 향한 주님의 손길을 느끼며 모든 생명체는 자신의 삶과 생존을 위해 다른 생명체들에 상호의존하며 산다는 것을 생각하고 창조 세계를 돌보아야 할 나의 책임을 자각한다.

3. 하루 중 한순간이라도 하늘과 바람과 구름, 꽃과 나뭇잎, 별을 바라보면서 창조 세계 안에서 하나님을 느끼는 시간을 갖는다.

4. 생물 다양성과 더불어 인간의 다양한 모습을 생각하고 그 속에 담긴 하나님의 뜻을 묵상한다. 나와 다른 사람들, 외국인, 타종교인, 소수자를 향한 내 시선과 태도를 반성한다.

5. 인간과 사회가 무지나 이윤 때문에 자연을 지나치게 약탈하는 모습은 없는지 살펴본다. 그것을 개선하기 위해 내가 소비자로서, 시민으로서 할 수 있는 것이 무엇인지, 또 교우들과 더불어 교회가 할 수 있는 일이 무엇인지 찾아본다.

6. 기후변화와 멸종위기 문제에 대해 좀 더 이해를 깊게 하고 시민으로서, 그리스도인으로서 누구와 어떻게 연대하고 행동할 수 있는지 찾아본다.

7. 더 어려운 사람들과 나눌 수 있도록 불필요한 소비를 줄이고 생활을 좀 더 단순 소박하게 한다. 그러면서도 남을 판단하는 자세나 엄격하고 침울한 태도를 피하고 함께 나누는 식사와 우리의 거처에 기쁨과 아름다움, 잔치의 분위기가 스며들도록 상상력과 창의력을 발휘한다.

8. 기후변화와 열대 우림의 파괴, 약탈적 기업적 농·목축업에 희생되는 사람들을 기억하고, 거기에 거슬러 대책을 찾으며 더 생태적인 삶과 생물 다양성 보전 등을 위해 세계 곳곳에서 일하는 모든 활동가와 연구자 교육자들을 위해서 중보 기도한다.

2과
생 명 의 물

말씀 묵상: 물과 함께하는 생명

생태 이론: 소중한 물

생활 실천: 소중한 물 사용의 마음가짐과 준칙 정하기

마지막 나무가 사라진 뒤에야,
마지막 강물이 더럽혀진 뒤에야,
마지막 물고기가 잡힌 뒤에야, 깨닫게 되리라.

사람들이 돈을 먹고 살 수는 없다는 것을.

_ 말로 모건

물과 함께하는 생명

창세기 1장 1-2절

[1]태초에 하나님이 천지를 창조하셨다. [2]땅이 혼돈하고 공허하며, 어둠이 깊음 위에 있고, 하나님의 영은 물 위에 움직이고 계셨다.

1. 하나님의 영이 수면 위에 운행하고 있는 모습을 그려보며
   묵상해 봅시다.

2. 하나님의 영이 수면 위에 운행한다는 의미는 무엇일까요?

3. 하나님의 만물 창조와 물은 어떤 연관이 있는지 생각해 봅
   시다.

4. 성서에서 표현되는 물은 창조의 물, 정의의 물, 해방의 물,
   성스러운 물, 영생의 물, 소통의 물, 치유의 물 등 다양한 모
   습으로 표현됩니다. 각각 해당하는 성서의 구절로 어떤 것
   들이 있을까 생각해 봅시다.

함께 읽을 말씀

출애굽기 14장 21-22절

[21]모세가 바다 위로 팔을 내밀었다. 주님께서 밤새도록 강한 동풍으로 바닷물을 뒤로 밀어내시니, 바다가 말라서 바닥이 드러났다. 바닷물이 갈라지고, [22]이스라엘 자손은 바다 한가운데로 마른 땅을 밟으며 지나갔다. 물이 좌우에서 그들을 가리는 벽이 되었다.

요한복음 4장 13-14절

[13]예수께서 말씀하셨다. "이 물을 마시는 사람은 다시 목마를 것이다. [14]그러나 내가 주는 물을 마시는 사람은, 영원히 목마르지 아니할 것이다. 내가 주는 물은, 그 사람 속에서, 영생에 이르게 하는 샘물이 될 것이다."

소중한 물

물의 순환

물은 인간과 동물과 식물 그리고 작은 미생물에도 생명 활동을 유지 시켜주는 생명의 근원이다. 사람 몸에 지니고 있는 물의 양은 약 70%로 우리는 매일 2리터 이상의 물을 마셔야 한다. 사람이 물을 마실 때 체내에서 하루 동안 재생되는 물의 양은 180리터로 40분 정도면 온몸을 순환한다고 한다. 만약 우리 몸속에 물이 1~3%가 부족하면 심한 갈증이 나고, 5%가 부족하면 혼수상태, 12%가 부족하면 사망하게 된다.

물의 모습은 다양한 형태를 가지고 있다. 돌과 바위 사이를 굽이굽이 흘러 시내와 강을 이루기도 하고, 산을 무너뜨리고 마을을 잠기게 하는 무서운 면모를 보일 때도 있다. 물은 색깔과 냄새와 맛이 없고 빛을 통과시키고, 물질을 녹이는 용매 작용을 한다. 액체 상태일 때가 대부분이지만, 기체(수증기)나 고체(얼음) 상태일 때도 있다. 물은 하늘에 올라 구름이 되고 빗물로 내려 땅에 내리고 흙으로 스며들어 지하수가 되고 샘이 되고 개천과 강이 되어 흘러내려 바다로 간다. 이렇게 영원한 물의 순환이 이루어지며 순환이 없으면 생명도 존재하지 못한다. 생명에게 물은 꼭 필요하기 때문에 인간은 물을 자원이라 하여 관리의 대상으로 여겨왔다.

물의 순환을 일으키는 태양은 바닷물을 데우고 대기에 수증기 상태로 증발(evaporation)시킨다. 수증기는 대기로 올라가 차가워지면 구름이 되고, 바람은 지구 주위의 구름을 움직이며 구름의 입자는 충돌하고 상승하다가 강수(precipitation)로 땅에 떨어진다. 이렇게 비, 눈, 우박으로 떨어져 일부는 빙하나 만년설로 쌓인다. 이들은 따뜻한 날이 오면 녹으면서 물이 되어 낮은 곳으로 흐른다. 대부분의 강수는 바다나 땅으로 다시 떨어지며 땅 위를 흐르는 물의 일부는 골짜기에서 강으로 들어가 바다로 흐른다. 이러한 물과 지하수는 모여서 호수의 민물이 되기도 하고 침투(infiltration) 과정을 거쳐 땅 깊은 곳으로 스며들어 대수층을 새로 보충한다. 물이 땅속 깊이 스며들어 지하수가 되는 현상을 침루(percolation)라고 하는데 일부 침투수는 지표와 가까워서 지하수가 흘러나오면 지표 수와 바다로 다시 스며들고 일부 지하수는 땅의 틈새에 들어가 샘물로 합쳐진다.[1] 이렇게 물은 대기에서 8일 하천에서 16일 지하수로는 1,400년을 거치면서 계속 흐르고 흘러 바다로 하

---

1 이재수, 『수문학』 2판 (구미서관, 2018); 「위키백과」 "물의 순환," 재인용.

늘로 땅으로 순환과정을 새롭게 거듭하는 것이다.

물의 분포와 물 분쟁

순환과정의 물의 분포는 지구 표면의 약 71% 정도를 덮고 있다. 이중 바닷물이 97.5%이고, 나머지 2.5%가 육지의 물이지만 1.76%의 빙하나 만년설을 제외하면 0.76%의 지하수가 존재한다. 지하수는 광물질이 많이 용해되어 있어서 사용에 제한이 많음으로 결국 우리가 쓸 수 있는 하천과 호수의 물은 약 0.0086%에 불과하다. 결국 지구에 물은 많지만 정작 우리가 쓸 수 있는 물은 많지 않다고 말할 수 있다.

전문가들에 따르면 인간이 사용할 수 있는 지구의 물 공급량은 한 해에 9,000km³이며, 그 가운데 인간이 실제로 쓰는 양은 약 48%인 4300km³이라고 한다. 미국 인구 통계국의 조사에 따르면 전 세계 인구는 1999년 60억 명을 돌파한 데 이어 2025년에는 83억 명, 2050년에는 100억 명에 이를 것으로 추산한다.

세계 50개국을 대상으로 한 1인당 물 이용가능량은 1950년에 5만 68m³에서 1990년에는 2만 8662m³로, 2025년에는 2만 4795m³로 지속 줄어들 것으로 예상한다. 지구온난화로 온도가 올라가면 그만큼 공기가 머금는 수증기량이 늘어나기 때문에 기온이 1도 올라가면 지상의 물은 8%가 공기 중으로

물의 분포 그림 : zum 학습백과 <대기와 물>

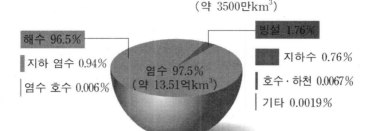

담수 2.5%
(약 3500만km³)

해수 96.5%

지하 염수 0.94%

염수 호수 0.006%

염수 97.5%
(약 13.51억km³)

빙설 1.76%

지하수 0.76%

호수·하천 0.0067%

기타 0.0019%

사라진다. 급속한 산업화와 도시화는 생활 수준의 향상과 더불어 물 수요량을 끊임없이 증가시켰다.

유엔이 공개한 '세계 인구 전망'에 따르면, 2017년 기준으로 지구에는 약 75억 5,000만 명이 살고 있다. 경제협력개발기구는 「2020년의 세계―글로벌 시대의 개막」보고서에서 전 세계적으로 28개국 3억 4,000만 명이 충분한 물을 구하지 못해 어려움에 처해 있으며, 2025년에는 52개국의 약 30억 명이 물 부족을 겪게 될 것으로 예측한다.

현재 물로 인한 국가 간의 분쟁도 계속되고 있다. 요르단강을 두고 이스라엘과 시리아가 다투고 있고, 에티오피아에서 시작되는 나일강은 강 상류에 에티오피아 정부가 건설 중인 초대형 댐(그랜드 르네상스 댐)이 가로지르고 있는데 최근에 에티오피아 정부는 현재 70%가량 완성됐다며 지금부터는 물 채

우기와 공사를 같이 진행하겠다고 밝혀서 나일강 주변국들의 갈등이 고조되고 있다. 르네상스 댐 건설이 시작된 2011년부터 촉발된 주변국들의 갈등은 9년이 지난 지금까지도 해결점을 찾지 못하고 있는 것이다.

또한 티베트에서 발원하여 미얀마를 거쳐 라오스, 타이, 캄보디아, 베트남으로 흐르는 메콩강도 그 대표적인 사례이다. 메콩강 상류에 있는 중국이 샤오완댐을 건설하자 중국을 제외한 동남아 5개 국가 간 협력체인 메콩강 하류의 지역협력주도(LMI) 단체는 중국의 발전용 댐 건설에 강하게 반발하였다. 지난해 2019년은 평년 대비 75%에 그친 강수량뿐만 아니라 중국이 상류에 건설한 댐으로 유입된 물량이 적어져 강에서의 어획량은 급감하고 메콩강 하류의 농작물 경작은 큰 어려움을 겪었는데 정작 중국은 댐으로 인한 메콩강 수량에 끼치는 영향은 매우 제한적이라며 반박하고 있어 강을 둘러싼 국가 간의 분쟁은 여전하다. 앞으로도 지구상에서 한정된 자원인 물을 서로 차지하기 위한 분쟁은 더욱 심각해질 것이다. 우리나라는 지리적으로 봤을 때 다른 국가들처럼 강줄기가 국경을 넘어 흐르는 것이 아니기 때문에 국가 간의 물 분쟁을 일으킬 여지는 없을 것이다.

물의 역할

　창세기 1장 1절에서 하나님은 바닷물 위로 움직여 물을 바다로 모으고, 그 물이 생명을 창조하는 데 쓰이게 하셨다(창세기 1:20-21). 여기엔 단순한 상징 그 이상의 의미가 담겨있다. 창조된 모든 것들 안에 깊이 새겨져 있는 하나님에 대한 생생한 묘사는 광대한 바다에서부터 작은 빗방울에 이르기까지 우리 모두 하나님의 피조물임을 알게 한다. 그중에서 하나님의 피조물인 물은 지구 표면 위로 흐르면서 그리고 땅 아래에서 움직이며 생명의 역할을 감당하고 있는 것이다. 물은 지상에서 동식물이 생활하고, 자연환경이 유지되는 중요한 요소이다. 산소, 이산화탄소, 염분과 같은 생명에 필요한 물질을 용해하고 분해하는 역할과 생물의 신진대사에 관여하는 중요한 역할을 한다. 물은 또한 우수한 용매로 영양물질이나 노폐물을 운반하고 수용액 상태에서 여러 가지 생화학적 반응을 일으킨다. 이렇게 물은 기후조건을 조절하면서 액체 또는 기체 상태로 우리가 일상을 생활할 수 있도록 해준다. 하나님께서 좋은 땅으로 흐르게 하신 그 물은 분명 하나님이 생명을 불러일으키시는 힘을 지니고 있었고 그래서 창조된 모든 것들 안에서 하나님의 피조물인 물은 생명을 주는 역할을 하는 것이다.

　그러나 하나님의 백성이 하나님을 떠나면, 창조된 모든 것들과 더불어 살라고 하신 하나님의 부르심에 귀 기울이지 않으면 우리 머리 위에 있는 하늘은 놋이 되어서 비를 내리지 못하고, 우리 아래에 있는 땅은 메말라서 쇠가 될 것이라고 한 것(신명기 28장 23절)을 잊지 말아야 한다. 하나님은 창조에 맞추어 살지 않으면 가뭄과 질병, 병충해 그리고 빈궁함에 놓이게 될 것이라고 하였다.

물 위기의 원인과 대책

신명기 8장 7절에 '주 당신들의 하나님이 당신들을 데리고 가시는 땅은 좋은 땅입니다. 골짜기와 산에서 지하수가 흐르고 샘물이 나고 시냇물이 흐르는 땅'이라고 하셨다. 좋은 땅의 물은 생명력이 있다. 물의 생명력은 가두어진 물이 아니라 흐르는 물이어야 한다. 또 물의 흐름은 자연스러워야 하고 그로 인해 상류와 하류의 생태계가 연결되며 수생태계2가 살아 있게 되는 것이다.

그 속에서 우리는 창조 세계를 건강하게 살아갈 것이며 또한 하나님께로 연결되어 있는 것을 깨닫게 될 것이다.

하지만 21세기를 살아가는 우리에게 포괄적이고 대중적인 물의 윤리가 있는가?

---

2 생물이 물에서 서식하며 끊임없이 주변 조건과 상호 작용을 하는 것을 수생태계라고 한다. 바다는 해양생태계, 땅에서 흐르는 물은 담수생태계, 우리 생활 주변의 도시와 농촌의 생태 공간은 육상생태계라 한다.

인간의 활동으로 인해 대기 중으로 배출되는 이산화탄소나 축산폐수 등에서 발생하는 메탄이나, 과다 사용되는 질소비료의 여분이 분해되면서 발생하는 이산화질소 등 온실가스들이 대기로 들어가 기온을 상승시키고 그로 인해 지구온난화의 주범이 되고 있다. 지구온난화는 결국 홍수, 폭우, 사막화뿐만 아니라 태풍과 같은 이상기후를 유발시키고 지구 곳곳의 물을 점점 희소(稀少)시키고 있다.

이렇게 기후변화로 인하여 물의 분포가 달라져서 일어나는 현상 가운데 물 위기는 결국 우리가 마시고 사용하는 깨끗한 물의 오염에 대한 것이다. 결국 인간들이 수생태계를 파괴한 것이고 원천적으로는 물이 창조 세계의 피조물인 것을 망각해 버린 탓이다. 물의 생태계로 말하자면 물이 오염되어 자정능력을 잃어버린 것을 말한다. 즉, 인간에 의해 버려지는 하수나 폐수가 물속의 미생물이 유기 물질의 생산과 분해의 평형을 이루도록 하는 균형을 파괴한 것을 말한다. 다시 말해서 인위적인 요인에 의해 자연수 자원이 오염되어 이용 가치가 저하되거나 피해를 주는 것이다.3

우리나라는 물의 사용 용도별로 보면 농업용수 사용량이 가장 많다. 하지만 농업용수가 실제로 오염원으로 작용하지는 않기 때문에 실제 오염원으로 작용하는 것은 생활하수가 가장

---

3 「다음 백과」 "수질오염"을 참조하라.

높다. 수질오염의 주된 오염원을 크게 생활하수, 축산폐수, 공장폐수로 나눌 수 있다.[4]

■ **생활하수**: 합성세제는 미생물에 의해 쉽게 분해되지 않으며, 물 표면에 거품을 형성하여 대기 중의 산소가 물속에서 용해되는 것을 방해하므로 수많은 수중 생물을 죽게 만드는데 가정에서 배출되는 생활하수 내 유해 물질은 일반적으로 하수처리장에서 처리된다. 다만 그 발생량 감소를 위한 기술적 가능성은 매우 한정되어 있어서 생활하수의 단독처리. 음식물쓰레기 별도 처리. 세척제 등 분해되기 어려운 물질의 사용억제를 해야 할 필요성이 있다.

■ **축산폐수**: 가축분뇨는 다량의 유기 물질과 병원체를 포함하고 있으며, 특히 질소나 인 성분과 같은 영양소는 호수의 부영양화(富營養化)[5]를 일으킨다. 대부분의 축산 농가는 똥을 걷어내어 야적한 후 필요시 퇴비로 제공하거나 오줌은 저류조에 저장 후 분뇨 정화조로 처리한 후 방류하고 있는데 이런 경우 정화조의 방류수 수질도 매우 좋지 않을 뿐 아니라 강우 시 야적된 고형폐기물에서 발생 되는 폐수 역

---

4 『녹색 그리스도인을 위한 환경통신강좌 2권』, 12.
5 물의 출입이 적은 수역에서, 하수(下水)나 공장 배수(排水) 등으로 인해 물속에 질소(窒素)와 인(燐) 등 영양분이 증가하는 현상.

시 수질 오염을 가중시키며 지하수도 오염시키고 악취 발생도 큰 문제점이 되는 것이다.

■ **화학비료와 농약:** 농작물에 쓰인 각종 비료와 농약 등으로 오염된 물이 물고기나 조개류와 같은 수중 생물의 생존에 위협을 주며, 이를 먹는 사람에게도 심각한 피해를 주는데 물속에 유기 물질이 있으면 미생물이 이것을 분해할 때 산소를 소모하게 된다. 이때 소모되는 산소 BOD(생물화학적 산소요구량)는 많아지고 그렇게 되면 물속의 산소농도는 떨어지게 되어 물이 더러워지기 때문에 더러운 물일수록 물고기와 여러 수중 생물이 살기 어려워진다. 심할 때는 물고기들이 떼죽음을 당하는 것이다.

■ **공장폐수:** 생산 공정에서 쓰고 버리는 물로, 오염 물질의 대부분은 유해한 화학물질과 중금속 들로서 중금속은 동식물의 체내에 계속 쌓이기 때문에 매우 심각한 문제가 되고 있다. 수질이 악화되면 물속에 많은 오염 물질이 함유되어 그 처리에 많은 비용이 들어가게 된다. 그래서 수질 보전 정책의 추진은 상수원 수질보전을 위해 오염물질의 유입을 줄이고 오염물질의 발생을 억제하는 것을 목표로 해야 한다. 산업체에서는 생산 공정의 변경, 원료의 변경, 물의 순환 및 재사용, 유독물질의 무해화와 제도시설, 폐수의 생물학

적 최종처리의 기술적인 대처가 있어야 하는 것이다.

우리나라 대표적인 예로 깊은 산골 봉화에 위치한 석포영풍제련소는 지난 50여 년간 공장으로 흘러 들어가는 골짜기의 깨끗한 물이 카드뮴 등 독극물을 함유한 '폐수'가 되어서 흘러나오고 있는 상황이다.[6] 이렇듯 물과 폐수에 대한 구별이 무책임한 유해기업들이 주변 자연생태계에 치명적인 유해를 끼치고 있는 것이 사실이다.

이와 같이 오염원은 물의 외부에서 유입되는 오수, 하수, 폐수를 배출시키는 원천적인 곳을 말한다. 오염원은 배출 형태에 따라 점오염원과 비점 오염원으로 나눈다.

외부에서 유입되는 오염 물질을 배출시키되 그 오염 발생 장소를 지도에서 표시할 수 있는 구분이 되는 것을 점오염원이라고 한다. 이 점오염원은 추적이 가능하여 오염 발생지점을 집중처리 할 수 있어서 관리가 가능하다. 공장폐수나 화력발전소 등의 열폐수가 예이다.

반면에 비점오염원은 오염 물질이 하나의 배출구나 배출단위로부터 집중적으로 발생하지 않고 광범위하여 그 오염 발생 장소를 구분하기가 어렵다. 예를 들면 산림지역의 살충제

---

6 손영호, "방치가 불러온 사상 초유의 '중금속 오염' 낙동강으로 유출되다," 「오마이뉴스」, 2020. 6. 24.

나 농업 비료, 낙엽, 동물의 사체나 분비물, 도시지역의 각종 오물들이 빗물에 씻겨서 지표면에 분산되는 경우로 관리하기가 매우 어렵다.

오염원으로 배출되는 오염 물질을 유기물과 무기물로 나눌 수 있다. 유기물이란 우리 일상생활에서 생물체와 관련되어 천연으로 발생되는 것(음식물, 낙엽, 동식물의 사체나 분비물, 분뇨 등)이 대부분으로 물속에서 미생물에 의하여 분해되면 무기물질로 바뀌어 수중 생태계에 다시 영양 염류로 이용되는 것이다.

무기물은 질소나 인 등의 독립된 원소들과 이들의 화합물 상태 또는 중금속 원소 상태로 존재하는 것으로 비율이 4 이상인 금속(카드뮴, 납, 크롬, 구리, 아연, 수은, 비소, 철, 망간 등)을 말한다.

이렇게 외부에서 들어오는 유기물과 무기물의 영양물질은 미생물에 의해서 분해가 되는데 수용 능력을 넘게 되면 미생물의 분해 속도를 초과하게 되어 그대로 수중에 쌓이게 되고 물의 오염을 불러와 부영양화(eutrophication)가 되는 것이다. 부영양화는 사실 외부로부터 영양물질이 유입되는 자연적인 현상이기 때문에 전혀 문제가 되지 않는다. 하지만 인위적으로 유입되는 영양물질인 오염 물질로 인하여 발생하는 부영양화가 문제이다.

이런 부영양화는 흐르는 물이 아닌 고인 물인 정체된 수역에서 볼 수 있다. 인간의 오염 행위가 많은 호수일수록 인위적 부영양화의 속도가 빠르다. 호수의 부영양화가 진행되면 조류의 번성이 많아지고 수명이 매우 짧은 조류는 활발한 번성 후에 호수 표면으로 떠오르게 되는 녹조 현상이 일어난다. 이러한 조류의 사체가 미생물에 의해서 분해될 때 물속에 녹아 있는 산소가 소모되어 다른 생물의 번식을 방해하게 되는 것이다. 결국 부영양화가 일어난 호수는 보기에도 좋지 않으며 관광, 물놀이, 수영, 낚시 등의 위락 활동에 지장을 주는 것 외에도 다양한 경제적인 손실을 일으킨다.

상수원이 부영화가 되면 조류가 여과 장치를 막아 정수 비용이 많이 들고 불쾌한 냄새가 나게 된다. 바다에서 부영양화가 일어나는 경우는 적조 현상이라고 한다. 지난 이명박 정부에서 추진한 4대강 사업은 부영양화의 대표적인 사례를 보여 줬다. 수질을 관리하고 홍수를 조절하겠다는 목적으로 2009년부터 2012년까지 4년 동안 22조 원을 투자한 4대강 사업은 경제적 손실뿐만 아니라 보를 막고 물을 가두는 방식 때문에 수질 오염의 악화를 가져왔으며 물고기들이 떼죽음을 당하는 참사를 가져왔다. 2012년 여름에는 한 번도 볼 수 없었던 녹조 현상이 나타나 지역주민들의 식수마저도 위협하였던 것이다.

자연 생태계에 어떤 동물, 어떤 식물도 '폐수'를 내지 않는다는 말이 있다. "목마른 사람은 다 내게로 와서 마셔라. 나를 믿는 사람은, 성경이 말한 바와 같이, 그의 배에서 생수가 강물처럼 흘러나올 것이다"(요한복음 7:37-38)고 하였다. 그렇다면 공존하지 못하고 인간 중심주의로 인해서 길이 막혀 흐르지 못하고 오염된 물을 수생태로 되돌려 놓을 수 있는 것은 무엇일까? 환경관리주의는 과학기술을 발달시켜서 인간의 의지대로 자연의 산물인 환경을 통제하겠다는 것인데 일정 부분은 관리차원으로 상수도 관리와 하수처리장의 증설로 오염된 호수나 하천 물이 빗물과 함께 영양물질을 가진 채로 바다로 흘러 들어가지 않게 하는 것 등을 할 수 있겠으나 우선 자연은 인간의 통제영역이 아니라는 인식 전환이 필요하다.

　우리는 공동체적 삶의 전략으로 도시 안에서도 생태 공간의 복원을 위해 최대한 하천7이 자연스럽게 흘러서 유지되도록 물 관리를 해야 할 것이다. 또 물을 재사용하는 중수도 이용을 늘려야 할 것이다. 중수도는 한 번 사용한 수돗물을 생활용수나 세척 용수, 공업용수 등 다시 사용할 수 있도록 처리하는 시설로 상수도와 하수도의 중간에 위치한다는 뜻에서 비롯된다. 신체에 직접 닿지 않고 잡다한 용도에만 쓰이기 때문에 잡용수라고도 한다. 중수도는 빌딩, 주택 단지 등에서 하수를 처리하며 음용수 이외의 생활용수 등으로 재이용한다. 주로 수

---

7 지표수가 흐르는 크고 작은 물길과 강보다 작은 물의 흘러가는 내의 합성어. 하천과 강은 유역의 사람들에게 식수원이며 농업, 공업용수로 사용된다. 우리나라 하천은 크게 4개의 권역(한강권역, 낙동강권역, 금강권역, 영산-섬진강 권역)으로 나뉜다.

세식 화장실에 사용하며, 청소할 때나 가로수와 정원에 물을 줄 때에도 쓰인다. 이와 같은 중수도는 수돗물 소비량을 줄이고 하수 발생량을 감소시켜 수질 보전의 효과를 얻을 수 있다. 고속도로 휴게소에서 중수도를 사용하는 것을 볼 수 있으며, 국립공원 화장실에도 하수 발생량의 감소를 위해 중수도 사용으로 변경하고 있는 것을 볼 수 있다.

우리나라는 물 부족 국가일까?

유엔은 올해 3월 22일 물의 날[8] 주제를 '물과 기후변화'로 선정하였고, 세계기상기구(WMO: World Meteorological Organization)도 세계기상의 날(3월 23일) 주제를 '기후와 물'로 정해서 기후변화에 대한 경각심과 물의 소중함을 강조하였다.

물은 지구상에서 가장 빨리 순환하는 자원이지만, 전 세계적인 인구 증가와 지구 온난화 영향으로 하천의 유량이 감소하는 등 인류는 미래의 물 공급에 전례 없는 도전을 받고 있다. 우리나라 평균 물 사용량은 얼마나 될까?

---

8 UN에서 제정한 세계 '물의 날'은 무분별한 개발과 환경 파괴로 인한 물 부족 및 수질 오염 문제를 방지하고, 물의 소중함을 되새기기 위해서 1992년 12월 리우환경회의에서 '세계 물의 날 준수 결의안'이 통과된 후, 1993년부터 매년 3월 22일을 '세계 물의 날'로 정해 기념하고 있다(출처, 환경부와 친해지구, "세계 물의 날, 기후변화에 주목하다!" 『환경이야기』, 2020).

환경부 '상수도 통계'에 따르면 2002년 264리터였던 1인당 하루 평균 물 사용량은 매년 조금씩 늘어서 2016년 기준 287리터였다. 우리나라 각 가정에서 1인당 하루 동안 쓰는 물 사용량을 1로 잡으면(2015년 기준) 독일(0.49), 프랑스(0.57), 스위스(0.85), 일본(0.97) 등의 다른 나라에 비해 우리나라의 물 사용량이 높은 것으로 나타났다.

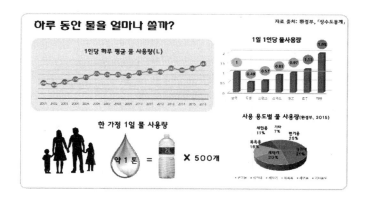

'물환경정보시스템'의 생활용수 용도별 분석에 의하면 변기용(25%), 싱크대용(21%), 세탁기용(20%) 등 순으로 사용하고 있다.

이처럼 물 사용량이 늘어나고 있는 현재 우리가 지불하고 있는 수돗물 요금은 얼마일까?

우리나라의 수도요금은 총괄원가방식으로 산정된다. 물 공급에 소요된 총 비용(비용과 이자)을 공급물량으로 나누어 평균 요금을 산정한다. 이렇게 산정된 우리나라 전국의 평균 수도 요금은 1m³당 703원이다(상수도 통계 2016년 기준). 이는 생산원가(868원)의 81% 수준으로 일본(1,254원), 미국(1,960원), 영국(2,302원), 덴마크(3,772원) 등 세계 주요국과 비교해도 매우 저렴하다. 저렴한 수도 요금이 사용자 입장에서는 좋지만 지나치게 낮은 상수도 요금은 과다한 물 사용을 초래할 수 있다.[9]

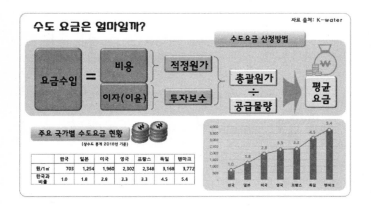

국제연합 환경계획(UNEP)의 보고서에 따르면 전 세계 인구의 3분의 1은 극심한 물 부족을 겪고 있으며, 인구 증가와 기후변화로 인해 2025년경에는 3분의 2의 인구가 물 부족을 겪을 것이라고도 하였다. 바다가 대기와 상호작용하여 만드는

9 서울물연구원, "눈으로 보는 물과 경제"「서울워터」제9호(통권 20호, 2018. 7.).

다양한 기후와 환경은 생명 활동의 패턴을 가지고 다양성을 통제하는데 기후변화로 인하여 물의 분포가 달라졌기 때문에 비가 많은 지역과 적은 지역의 극대화가 일어나고 있는 것이다. 우리나라의 홍수피해도 30년 전보다 2.5배가 증가하였다고 한다. 최근 우리나라는 강수가 여름철에 집중하는 현상이 있고, 산지가 70% 정도로 강수량의 유출이 빨리 일어나며 그래서 이것을 쓸 수 있는 물로 전환하는 데 어려움이 있다.

현재 우리나라의 물 빈곤지수(WPI water poerty index)는 세계 147개국 가운데 43위로 물 사정이 나쁘지는 않다. 다만 국제인구행동연구소(PAI; Population Action International)라는 민간단체에서 1990년대 전 세계 국가들을 대상으로 조사한 결과, 단순히 강수량을 인구밀도로 계산하여 우리나라가 물부족 국가로 구분되었다.

도리어 우리나라는 독자적으로 물 관리를 할 수 있는 지리적 장점을 가지고 있는 데다 상수도 보급률이 좋아 수돗물을 바로 마셔도 되는 나라(일본, 미국, 호주) 중 하나이다. 그렇다고 물을 물 쓰듯 하면 안 될 것이다. 자발적으로 물을 절약하는 생활 습관과 함께 국가발전 모델로서 인구밀도가 상대적으로 높고 자원이 부족한 가운데 경제발전을 이룩한 유럽국가들을 따라갈 필요성이 있다.

소중한 물 사용의 마음가짐과 준칙 정하기

세상은 어떻게 시작되었고, 세상의 만물은 어떻게 생겨났는가? 인간과 우주 만물은 어떤 관계에 있는가? 주석에 의하면[10] 창세기 본문에서의 대답은 하나님과의 관계에서 제시한다. 즉 인간과 세상은 창조의 주체인 하나님의 피조물이라는 것이다. 1절은 하나님의 창조를 선언한다. "창조하다"를 의미하는 히브리어 동사 "바라"는 어떠한 재료도 사용하지 않은 하나님의 창조행위를 묘사한다. 혼돈하고 공허하며 어떠한 형태도 없어 쓸모가 없는 상태를 의미하고(사 34:11, 렘 4:23), 깊음은 끝없이 깊은 물을 뜻한다.

창조 이전은, 칠흑 같은 어두운 가운데 깊은 물이 끝없이 펼쳐져 있는 상황이며(시 24:2, 104:6), 거기에는 아무런 형태도 없고 혼돈과 공허, 무질서와 적막만이 있었다고 이해할 수 있다. 그리고 하나님은 창조 이전부터 활동하면서, 모든 상황을

---

10 천사무엘, 『성서주석 창세기』 (서울: 대한기독교서회).

응시하고 점검하며 제어했다고 볼 수 있다. 즉 본문은 창조 이전에 물의 혼돈(watery chaos)이 있었는데 하나님의 창조행위는 이러한 혼돈과 무질서를 제어하고 질서를 세우는 일임을 나타내고자 했다.

이렇듯 하나님의 창조행위 이야기가 담긴 창세기에서 계시록 마지막 장에 이르기까지 물은 성서 전체에 빼놓을 수 없는 힘의 이미지로 생명을 말하고 있다. 구약성서에서 물은 하나님의 지속적인 공급하심과 신실하심 그리고 보호하심에 대한 표시이다. 신약성서에서의 물은 새 생명과 구원의 징표이다. 생명을 지속시키는 자요 새롭게 하는 자로서 하나님을 물의 이미지로 그려 낸 것은 우연이 아니다. 왜냐면 모든 살아 있는 것들은 생존하기 위해서 깨끗하고 신선한 물이 필요하기 때문이다. 물이 없다면, 모든 과수원과 들판은 열매를 낼 수 없게 되고, 가축들은 죽어갈 것이다. 도시와 문명 또한 무너지고 소멸할 것이다. 성서 고대 문화 속에서 사람들은 우기와 건기를 따라서 물을 이용할 수 있는 곳을 중심으로 모여서 삶을 꾸려나갔다. 때문에 구약성서의 이스라엘 민족에게 물은 하나님의 현존과 섭리의 징표이자 생명의 근원이었던 것이다.

오늘날 우리 인류의 행동과 지구의 상태는 서로가 서로에게 밀접히 묶여 있다. 창조의 균형이 깨어지고 시냇물이 마르고 공기가 오염된 것은 우리 자신들의 불순종 때문이다. 페트병에 담긴 병물을 마시려는 인간의 갈증은 하나님이 만드신 창조 세계를 파괴하였다는 것을 자각하고 소멸 위기에 있는 지구공동체의 일원이라는 것을 인식할 때 회소(回蘇)의 가능성이 열릴 것이다.

바이에른11에서는 생태적 의식을 가진 기독교인들이 도나우의 마지막 목초지를 지키기 위해서 헌신했다고 한다. 그들의 표현대로 하자면 우리의 '누님 물'은 우리가 여기 살아가는 처음 순간부터 마지막 순간까지 우리의 동반자다. 물은 우리에게 양식과 식수를 제공하며, 우리의 빨래를 씻어주고, 풀밭과 나무와 꽃에 수분을 공급하고, 가축과 인간의 목을 축여주며, 우리에게 전류를 공급하고,−최소한 어느 정도는−우리의 쓰레기까지도 처리해준다. 인간은 지켜야 할 선만 넘어서지 않으면 된다. 그러나 우리의 문제는 바로 그 지나침이다.

물이 더는 스스로를 정화할 수 없다면12 분명 모든 생명이 위협을 받게 된다. 하나님이 말씀하시기를 "물은 생물을 번성하게 하고"(창 1:20a) 물이 건강하다면 창조는 끊임없이 일어난다.13 창조의 활동이 있도록 물을 소중하게 생각하고 대하여

---

11 바이에른 자유주는 독일 남부에 위치한 주로 수도는 뮌헨이다. 남쪽의 스위스와 오스트리아 접경 지역은 알프스산맥 기슭이며, 북부와 동부에는 바이에른 숲, 보헤이마 숲 등의 산림지대와 높지 않은 산이 이어져 이 사이로 남부지역은 도나우강, 북부 지역은 마인강과 그 지류들이 통하며 유역의 여러 분지에 도시들이 발달해 있다(「위키백과」).

12 물의 자정작용은 물리적. 화학적. 생물학적 작용으로 나눌 수 있으며, 물은 물이 수용할 수 있는 오염물질의 범위 안에서 자정작용을 할 수 있다.

◀ Francesco Cozza, 「Hagar and the Angel in the Wilderness」(1665) ⓒWikipedia

야 하겠다.

하나님이 창조한 피조물 한가운데에서 인간은 인간 중심적인 이기심만을 휘두르는 경제적 가치를 넘어서 공동체적 가치로 모든 피조물의 한 부분임을 인지하고 경외심을 가지고 물과의 만남을 가져야 할 것이다. 그러면 물을 통해서 전해져 오는 하나님의 숨결을 또한 만날 수 있을 것이다.

하갈은 아브라함의 첩인 관계로 사라에게 쫓겨나서 하나밖에 없는 아들 이스마엘을 데리고 광야로 나갔다.[14] 왜 하필 광야로 갔을까? 광야에서 하갈은 가지고 왔던 물이 다 떨어졌을 때 죽음이 목전에 있음을 느낀다. 하갈과 이스마엘은 하나님이 자신들을 완전히 잊어버렸다고 생각한다. 그런데 하나님은 하갈을 찾아와 그녀의 눈을 밝혀주신다. 하갈에게 물로써 생명과 희망을 보여주신 것이다. 하나님은 생명을 주는 물을

---

13 프란츠 알트/손성현, 『생태주의자 예수』 (서울: 나무심는사람, 2003), 309.
14 창세기 21장 14절 이하.

통해 당신이 그녀를 잊지 않고 있음을 보여주셨다. 물을 통해 하갈은 하나님의 숨결을 확인한다.

나의 '소중한 물' 지수는?

다음은 자신의 생활을 아래 질문을 기초로 평가하는 순서입니다. 각각의 항목에 주어진 예를 참고하여 자신의 생각이나 습관을 돌이켜 보며, 스스로 점검을 해봅시다. 주어진 예는 번호가 큰 것일수록 지향해야 할 모습입니다.

1. 나의 생활 속에서 물은 어떤 의미를 갖습니까?
   ① 생각해 본 적이 없다.
   ② 물은 인간을 위해 존재하며, 내가 사용할 물만 깨끗하면 된다.
   ③ 물은 생명의 원천이며, 어디서든 구할 수 있다.
   ④ 물은 생명의 원천이며, 처음 창조의 모습으로 되살려야 한다.

2. 세면과 설거지는?
   ① 세면과 설거지 모두 물을 틀어놓고 한다.
   ② 세면은 받아서 하지만, 설거지는 주로 틀어놓고 한다.

③ 물을 받아놓고 한다.

④ 물을 받아놓고 하며 한 번 더 사용한다.

3. 설거지와 세탁 시에 세제는?

① 모두 합성세제를 사용하고 있다.

② 설거지는 합성세제로, 세탁은 비누로 하고 있다.

③ 재생비누로 바꾸려고 노력하고 있다.

④ 모두 무공해비누를 사용한다.

4. 세탁 방법은?

① 빨래가 생기는 대로 세탁기로 세탁한다.

② 세탁물을 모아서 세탁기에 한다.

③ 일부는 손빨래하고, 세탁기는 간혹 사용한다.

④ 재생비누로 손빨래하고, 헹군 물은 다시 사용한다.

5. 어떻게 머리를 감습니까?

① 매일 샴푸, 린스를 사용한다.

② 비누를 사용하려고 노력한다.

③ 비누만 사용하며, 매일 한다.

④ 비누만 사용하며, 이틀에 한번 정도 한다.

6. 봄, 가을을 기준으로 목욕을 어떻게 하십니까?

① 매일 욕조에 물을 받아서 한다.

② 매일 샤워한다.

③ 일주일에 한 번 욕조에서 목욕하고 두세 번 샤워한다.

④ 일주일에 한 번 정도 샤워한다.

7. 먹고 남기는 정도와 먹고 난 그릇은 어떻게 합니까?

   ① 남은 음식을 자주 버리며, 기름 찌꺼기도 하수구에 버린다.

   ② 간혹 상한 음식과 음식쓰레기를 버린다.

   ③ 버리는 음식은 거의 없으며 음식쓰레기는 음식 쓰레기통에 버린다.

   ④ 간소하게 차리고 음식쓰레기를 퇴비로 만든다.

8. 표백제, 세척제, 살충제 등의 화학약품 사용은?

   ① 자주 사용한다.

   ② 화학약품 한두 가지만을 사용한다.

   ③ 여러 가지를 가끔 사용하며 생협 물품을 사용하려고 노력한다.

   ④ 거의 사용하지 않는다.

9. 깨끗한 물을 위한 당신의 노력은 어느 정도입니까?

   ① 관심이 없다.

② 관심은 있지만 어떻게 해야 할지 모르겠다.

③ 물 절약 등 가능한 일을 나름대로 하고 있다.

④ 적극적으로 실천하고 있다.

3과
생명의 흙

말씀 묵상: 네게 보여줄 땅으로 가라

생태 이론: 생명의 땅

생활 실천: 생명의 땅을 향한 여정

하늘의 주님

당신은 우리 가운데서

땅의 대평원 갈색 흙 속에서 걷고 계십니다.

당신께서 어떻게 나타나실 것을 선택하셨는지는

때때로 별로 중요하지 않아 보입니다.

당신께서는 보통의 덤불을 선택하시고,

그것들을 하늘의 불로 불붙이셨고,

그럴 법하지 않은 예언자들을 통하여 말씀하시며,

당신의 사랑의 욕망을 선포하셨습니다.

하늘이 우리의 머리들 위와 마찬가지로

우리의 발들 아래에도 있습니다.

_ 헨리 데이빗 소로우

네게 보여줄 땅으로 가라

창세기 12장 1-2절

[1]여호와께서 아브람에게 이르시되 너는 너의 고향과 친척과 아버지의 집을 떠나 내가 네게 보여줄 땅으로 가라 [2]내가 너로 큰 민족을 이루고 네게 복을 주어 네 이름을 창대하게 하리니 너는 복이 될지라 [3]너를 축복하는 자에게 는 내가 복을 내리고 너를 저주하는 자에게는 내가 저주하리니 땅의 모든 족속이 너로 말미암아 복을 얻을 것이라 하신지라

레위기 25장 23절

[23]토지를 영구히 팔지 말 것은 토지는 다 내 것임이니라 너희는 거류민이요 동거하는 자로서 나와 함께 있느니라

1. 하나님께서 아브람에게 하나님께서 보여줄 땅으로 가라고
   명령하십니다. 하나님께서 보여주신 땅은 어떤 땅입니까?

2. 아브람이 떠나야 할 땅은 어떤 땅이었습니까? 이 땅은 특정
   한 지역입니까? 아니면 상징적인 의미입니까?

3. 하나님께서 땅을 팔지 말라고 명령하신 이유는 무엇입니까?

4. 오늘의 상황에 비추어 생각해 볼 때 이렇게 말씀하신 이유
   가 무엇이라고 생각합니까?

함께 읽을 말씀

시편 24편 1절

땅과 거기에 충만한 것과 세계와 그 가운데에 사는 자들은 다 여호와의 것이로다.

마태복음 6장 10절

나라가 임하시오며 뜻이 하늘에서 이루어진 것 같이 땅에서도 이루어지이다

○ **더 찾아볼 거리**

- 하워드 A. 스나이더 조엘 스탠드렛, 『피조물의 치유인 구원』, 대한기독교서회.
- 데이비드 몽고메리, 『흙』, 삼천리.
- 후지이 가즈미치, 『흙의 시간』, 눌와.
- 윌리엄 코키, 『제국 문화의 종말과 흙의 생태학』, 순환경제연구소.

- EBS 다큐프라임 - 5원소, 문명의 기원 〈흙, 생명을 품다〉 (2020. 5. 19. 방영, 47분).

생명의 땅

"산소 발생기가 고장 나면 질식사할 것이다. 물 환원기가 고장 나면 갈증으로 죽을 것이다. 막사가 과열되면 그냥 터져 버릴 것이다. 이런 일들이 일어나지 않는다해도 결국 식량이 떨어져 굶어 죽을 것이다."

영화 '마션'의 주인공 마크의 독백이다. 인간이 생존을 위해 필요한 요소는 공기(산소), 물, 식량이다. 우리는 이 세 가지 요소를 지구 안에서 얻는다. 하지만 우리는 이 세 가지를 얻는데 위협을 받고 있다. 산업혁명 이후 화석 연료 사용의 증가로 대기가 오염되고 이산화탄소의 증가로 온실효과가 일어나 지구 온도가 상승하고 있다. 지구 온난화는 기후의 불안정을 불러일으켜 가뭄과 홍수, 극지

방의 빙하 해빙에 따른 해수면 상승으로 마실 물과 식량을 공급해 주는 땅을 찾아 나서는 기후난민을 낳고 있다.

공기, 물, 식량 없이 사람은 얼마 동안 살 수 있을까? 기억하기 쉽게 공기는 3분, 물은 3일, 식량은 3주라고 말하기도 하는데 사람마다 개별적 차이는 있지만 틀린 말이 아니다. 순서상으로 공기, 물, 식량이다. 그래서인지 몰라도 공기와 물에 대한 위기보다 식량을 낳는 땅의 위기에 대해서 우리는 무감각하다.

땅이란 무엇인가? 국어사전에서는 땅을 아래와 같이 정의하고 있다.

명사

(1) (기본의미) 지구에서 바다와 강 등 물이 있는 곳을 제외한 부분(뭍, 육지[陸地]).

(2) 지구 표면에 퇴적되어 있는 물질. 식물이 뿌리를 내리고 자라게 한다(토양[土壤], 흙).

(3) 논밭이나 부동산으로서 토지나 집터.

(4) 나라의 통치권이 미치는 범위(영지[領地], 영토[領土]).

(5) (주로 지명의 뒤에 쓰여) 어느 한 방면의 지역.

지구 표면은 물과 땅으로 덮여 있다. 사전적 정의에서 땅은 물을 제외한 지구의 표면을 말한다. 물에 잠기지 않은 땅에 대

해 우리는 두 가지로 생각해 볼 수 있다. 첫 번째는 식량을 얻는 땅. 다른 말로 흙, 토양이며 두 번째로 생활 공간의 땅. 즉 토지(부동산)다. 이러한 관점에서 땅에 대한 생태적 위기는 사람의 식물(食物)을 낳고 기르는 흙(토양)의 위기와 사람의 주거(터)의 위기로 나눠볼 수 있다. 그렇다면 흙(토양)과 토지(터, 부동산)의 위기에 대해 생각해 보자.

토양(흙)의 위기

흙(토양)이란 무엇인가?

"하늘은 굉장히 어두웠다. 하지만 지구에는 푸른 빛이 감돌았다." 이 말은 인류 최초의 우주인 유리 가가린이 남긴 말이다. 우주에서 찍은 푸른빛 지구의 사진을 살펴보면 70%가 바다(물)이고 30%인 땅이 드러나 있다. 지구 표면 30%의 땅, 흙이란 무엇인가?

사전적 의미로는 흙은 '지구나 달의 표면에 퇴적되어 있는 물질'이다. 1969년 달 표면에 착륙한 아폴로 11호의 닐 암스트롱은 선명한 발자국을 지면에 새겼다. 달 표면은 바위인 줄 알았다가 "아니! 아주, 입자가 아주 곱다. 가루 같다!" 하며 놀라워한 암스트롱의 목소리가 녹음되어 있다. 달에는 지금 막 내린 화산재 같은 먼지가 수 센티미터 두께로 쌓여 있었다[1].

그렇지만 지구와 달리 달의 흙에는 생명체를 찾아보기 힘들다. 과연 달의 표면의 퇴적물을 흙이라 할 수 있을까?

지구에는 있지만 달과 화성에는 없는 것, 그것이 흙이다. 달과 화성에서도 암석이 풍화되고 모래와 점토가 퇴적되어 레골리스(rogolith, 암석을 덮고 있는 불균일하고 퍼석 퍼석한 물질층)가 만들어지기는 하지만 흙이 되지는 못한다. 반면 지구에서는 암석으로부터 만들어진 모래와 점토 위에서 식물이 죽고, 그 식물 유해와 모래, 점토가 바로바로 섞이면서 퇴적된다. 이것이 흙이다.[2]

흙을 뜻하는 한자 '土'를 살펴보면 세로 기둥에서 위로 솟아 나온 부분은 식물, 아래는 뿌리를 뜻하고, 뒤의 가로 막대는 지표면, 아래의 가로 막대는 암반을 의미한다. 결국 흙은 식물과 생태계를 지탱하는 기반이다[3]. 그러므로 흙이라고 말할 수 있으려면 '땅거죽의 바위가 부서져서 이루어진 것과 동식물의

---

1 후지이 가즈미치, 『수수하지만 위대한 흙 이야기』, 17
2 후지이 가즈미치, 『흙의 시간 흙과 생물의 5억 년 투쟁기』, 35.
3 후지이 가즈미치, 위의 책, 12.

썩은 것이 섞여서 된 물질을 말한다. 가루나 작은 알갱이 상태로 되어 있으며 식물을 자라게 하는 양분과 수분을 포함하고 있는 것[4]이어야 한다. 이런 측면에서 지구의 살갗, 흙은 지구에만 존재하는 생명의 근원이자 터전이다.

흙의 탄생과 역사

지구는 지금으로부터 약 46억 년 전에 탄생했다. 그리고 흙이 탄생한 것은 겨우 5억 년 전이다. 상대적 관계로 유추해 보자면 '46세의 지구 아주머니가 5년 전 마당에 채소 텃밭을 꾸리기 시작했고, 1년 전부터 활동하던 공룡 형이 반 년 전에 실종되었으며, 열흘 전에 갓 태어난 소인들이 대규모의 온실 재배를 시작했다' 정도로 간단하게 정리할 수 있겠다[5].

흙을 연구하는 과학자들은 '흙의 ABC'라는, 말 그대로 단순한 방식으로 흙층을 설명한다. 어느 정도 분해된 유기 물질이 발견되는 땅 표면을 O층이라 한다. 유기물 표층 밑에 A층(겉흙)이 있는데 유기 물질이 무기질 흙과 섞여 있어 양분이 풍부하다. 그 아래 B층(밑흙)은 겉흙보다 깊이가 더 깊지만 유기 물질 함유량이 적어서 A층보다 덜 기름지다. B층 밑의 풍화된 암

---

4 https://dic.daum.net/word/view.do?wordid=kkw000301513&
   supid=kku000385328.
5 후지이 가즈미츠, 위의 책, 12.

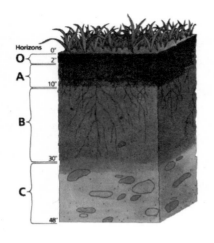

석을 C층이라고 한다6.
보통 우리가 말하는 흙
은 표토층(O층)에서 겉
흙(A층)까지를 말한다.

후지이 가즈미치에
따르면 흙의 역사가 시
작된 5억 년 전 지표면
은 암석으로 덮여 있었
다. 암석 위에서도 자라
는 식물이 있다. 이끼와
지의류다. 이끼와 지의류에서 나오는 산성 물질이 암석을 쪼
개고 물과 양분을 흡수하면서 모래와 점토를 만들고 자신의
사체로 최초의 흙을 탄생시켰다고 말한다.

월리엄 코키 역시 흙의 창조는 진흙, 모래, 바위 파편 그리
고 바위로 된 불활성의 척박한 하부토양에서 시작된다고 했
다. 첫째 개척자 혹은 '응급식물'(first aid)의 싹이 틀 때 그 뿌리
는 굳게 뭉쳐진 땅에 뻗어 내리기 시작한다. 습기와 광물질을
땅에서 뽑아 올려 줄기와 잎으로 보낸다. 흙에 사는 분해자,
즉 작은 곤충과 미생물은 식물이 떨어뜨린 이러한 유기물을
먹는다.7 이와 같이 식물의 사체의 부식과 쪼개진 암석의 모래

---

6 데이비드 몽고메리, 『흙』, 35-37.

와 점토의 혼합의 과정이 시간의 흐름과 반복을 거치면서 흙층이 두텁게 발전했다.

미국 농무부는 겉흙 2.5센티미터가 생겨나는데 500년이 걸리는 것으로 추정한다.[8] 다윈은 잉글랜드의 지렁이들이 이보다 일을 더 잘해서 100-200년에 겉흙 2.5센티미터를 만든다고 생각했다.[9] 흙층의 배열과 두께, 구성물의 종류는 저마다 다른 조건에서 서로 다른 기간 동안 생성되지만 토양 단면의 두께가 30-90센티미터쯤으로 계산해 볼 때 6,000-18,000년이나 걸린다.

흙의 역할

흙은 식물이 자라나는데 꼭 필요한 영양소의 공급원이자 산소와 물을 공급하고 보존하는 경로다. 기름진 흙은 식물이 햇빛을 받아들이고 태양에너지와 이산화탄소를 탄수화물로 바꾸는 과정에서 촉매 노릇을 한다. 탄수화물은 육상동물의 먹이사슬이 시작되는 동력이다.[10]

---

7 윌리엄 코키, 『제국문화의 종말과 흙의 생태학』, 53.
8 윌리엄 코키는 위의 책에서 '표토 1인치를 이루는데 300~1,000년이 필요하다'고 했다.
9 데이비드 몽고메리, 위의 책, 39.
10 위의 책, 24-25.

식물은 질소, 칼륨, 인을 비롯한 여러 원소를 필요로 한다. 1톤의 쇠고기는 흙에서 약 12킬로그램의 칼슘, 약 25킬로그램의 질소, 약 1.4킬로그램의 칼륨, 약 7킬로그램의 인과 기타 미량원소들[11]을 얻는다. 육상 생명체의 전체 생물학적 활동을 좌우하는 것은 흙이 만들어 내고 보존하고 있는 양분이다. 이 양분은 흙에서 식물과 동물로 전달되고 다시 흙으로 돌아오며 생태계 전체를 순환한다.

유기 물질의 분해와 순환 그리고 식물을 길러내는 능력의 재생을 통해서 흙은 생명의 순환을 완성한다. 이 과정에서 흙은 썩은 물질을 정화하여 새 생명을 먹이는 양분으로 바꾸는 필터 노릇을 한다.[12] 흙은 지구생태계의 정화 장치 역할을 감당한다.

흙의 파괴

토양(흙)의 손상과 죽음은 땅에게 심각한 문제다. 자연적 과정이 광범위한 지역의 토양을 심하게 손상시키거나 파괴하는 경우는 드물다. 빙하기, 광범위한 기후변화, 지진, 화산 분출 그리고 지각판의 이동 같은 지질학적 시간 범위 정도가 그

---

11 윌리엄 코키, 위의 책, 56-57.
12 데이비드 몽고메리, 『흙』, 28.

런 경우에 해당된다. 작은 규모로 국지적 토양 손상을 일으키는 경우는 심한 산불, 산사태나 홍수 등이다. '급속한' 대규모 토양 손상의 역사는 실제로 문명의 활동들의 역사다.[13] 다시 말해 5억 년에 걸쳐 형성된 흙, 2.5센티미터의 두께가 생성되기 위해서는 300-1,000년의 시간이 필요한 지구의 살갗은 지금 인간 활동에 의해 벗겨지고 있다.

흙의 파괴는 크게 두 가지로 이루어지는데 토질 저하와 흙의 침식이다. 인간은 농지(흙)에서 수확물을 거둬 바로 우리 위장으로 전달한다. 그러면 식물(채소나 곡물)이 흡수한 칼슘이나 칼륨만큼 흙의 양분이 생태계 밖으로 유실된다. 수확물은 빵이나 채소, 고기로 변신하여 식탁에 오른다. 그리고 우리의 피가 되고 살이 된다. 하지만 대부분은 배설물이 된다. 인간의 배설물을 농지로 되돌리지 않으면 토질은 저하된다. 인간이 살아 있는 것 자체가 토질을 감소시킬 위험이 있다는 뜻이다.[14]

흙의 침식은 자연적인 원인 외에 인간의 활동으로 가속화된다. 예를 들어 화전이나 벌목으로 숲을 제거한 후 방목, 기계적 쟁기질과 같은 경운으로 빗물이 흙으로 흡수되는 가능성을 낮추게 되는데 이런 현상이 땅을 건조하게 하고 흙의 불투수성으로 인해 비가 오거나 바람이 불면 지면 침식, 풍화 침식으

13 윌리엄 코키, 위의 책, 56.
14 후지이 가즈미치, 『흙의 시간』, 153-154.

로 흙이 유실되고 침식과 토질 저하가 맞물리면 땅은 생명력과 회복력을 잃어 식물이 자랄 수 없는 불모지가 된다. 땅의 죽음인 것이다.

흙의 파괴는 문명의 몰락

땅이 사람을 먹여 살리지 못하게 되면서 사회 갈등과 정치 갈등이 일어나 사회를 뒤흔드는 일은 거듭되었다. '흙의 역사'는 바로 사람들이 흙을 다루는 방식에 따라 문명의 수명이 결정된다는 사실을 알려준다. 또 경제와 기상이변, 전쟁 따위가 문명의 운명에 영향을 끼치는데 밑바탕을 이룬다. 로마는 한 순간에 무너진 게 아니라 침식이 땅의 생산성을 떨어뜨림에 따라 시들어 간 것이다.15

넓게 보면 모든 문명의 역사는 공통된 줄거리를 따른다. 먼저 기름진 평야에서 농경이 시작되고 인구가 나날이 늘면서 구릉에서도 농사를 짓게 되었다. 삼림이 개간되어 농지로 변한 땅의 맨흙이 빗물과 흐르는 물에 노출되면서 비탈진 경작지는 빠르게 깎여 나갔다. 그 뒤로 몇 세기 동안 집약 농업 탓에 양분이 감소하고 흙이 유실되어 사람들을 괴롭혔다. 소출은 줄어들고 새 땅을 구하기 어려워졌기 때문이다. 마침내 토질 저하는 늘어나는 인구를 먹여 살릴 수 없을 만큼 농업 생산성이 떨어졌다는 말이 되고, 문명 전체를 몰락으로 이끈다.16 흙을 파괴하면서 문명의 확장을 꾀하다 자멸한 어리석음의 역사는 고대 사회에서 오늘의 신문명 사회까지 반복되고 있다. 한 가지 예를 들어보자.

문명의 확장에 따른 인구 증가로 인한 농경 활동과 농지 확대는 흙의 침식과 토질 저하를 더해 갔다. 흙의 생산성을 좌우하는 세 가지 요소 질소, 칼륨, 인 중 질소의 고갈을 막기 위해서는 사람과 동물의 분뇨를 비료로 사용해야 했다. 인구는 흙 속의 질소량에 좌우되고 있었다. 하지만 이마저 한계를 만나

---

15 데이비드 몽고메리, 『흙』, 11.

16 위의 책, 14; 몽고메리는 『흙』의 3, 4장에 걸쳐 흙의 파괴와 함께 고대 문명과 제국들이 어떻게 멸망하게 되었는지 메소포타미아와 황하, 이집트 문명, 고대 그리스와 로마 제국의 멸망과정을 흙의 파괴와 연결해서 알려준다. 이런 현상은 과거에만 그치지 않고 근대를 거쳐 현대에도 제국주의의 식민지화를 통한 관개 농업과 그에 따른 제3 세계의 폐해는 여전히 진행 중이다.

게 되었다.

그러던 중 1906년 독일 화학자  프리츠 하버(Fristz Haber)가 대기 중 질소에서 암모니아를 합성하는 방법 을 개발하여 질소 비료(황산암모늄) 를 대량 생산할 수 있게 되었다.[17] 질 소 비료를 통해 문명의 인구 증가를 유지할 수 있게 된 것이다.

프리츠 하버(Fristz Haber)

하버-보슈법으로 생산한 질소 비료에는 인구 증가를 가능하게 한 '빛과 환경 문제를 일으키 는 '그림자'가 공존한다. 질소 비료의 이용 효율은 수십 퍼센트 에 불과하다. 자연 속에 방출된 질소 비료의 대부분은 대기로 돌아가지만 일부는 환경에 잔류하여 흙의 산성화나 수질 오염 등의 환경 문제를 일으키는 원흉이 된다. 농지에 걸린 질소 과 부하는 질소의 형태 변화(질산으로의 변화)를 통해 흙의 산성화 를 가속하고 지금까지 보지 못했던 빠른 속도로 토양 열화(劣 化)를 일으킨다[18]. 토양 열화는 토질의 산성화와 함께 흙을 경 화(硬化)시키고 토질의 저하와 흙 침식의 가속화의 원인이 되 기도 한다.

---

17 후지이 가즈미치, 『흙의 시간』, 193.
18 위의 책, 198-199.

토지(터)의 위기

토지(터)란 무엇인가?

사람은 식의주(食衣住)에 기대어 산다. 사람은 땅에서 식량과 함께 살 곳도 마련한다. 그런 의미에서 땅은 사람이 발을 딛고 살아가는 터다. 터(토지)는 넓게는 사람이 국가를 이루고 모여 사는 국토(國土)이고 좁게는 한 개인이 집을 짓고 살아가는 토지(土地)이기도 하다.

토지란 무엇인가? 사전적 정의는 아래와 같다.

(1) 경지, 주택 등으로 사용하는 지면.

(2) [법률] 사람에 의한 이용이나 소유의 대상으로서 받아들여지는 경우의 육지. 일정한 범위와 면적을 소유하는 것으로, 지소(池沼)와 하천 등을 포함해서 말하기도 한다. 민법상 그 정착물(定着物)과 함께 부동산(不動産)으로서, 소유권은 지상과 지하에까지 미친다.

(3) [경제] 생산 요소(生産要素)의 하나. 땅을 포함하여 하천, 대기, 지하자원 등의 모든 자연 자원을 포괄하는 개념이다.

토지는 식량을 경작하거나 사람이 살기 위해 집을 짓는 땅이다. 경작하고 집을 짓기 위해서는 땅에 대한 법적 소유권이 있어야 하며 토지에서 나오는 자원을 통해 경제활동도 할 수 있는 재산이기도 한 것이 토지다.

토지개발, 흙 파괴의 이명동음(異名同音)

토지를 경작하고 집을 지으려면 토지를 개발해야 한다. 토지개발이란 토지 사용 목적에 맞도록 땅 고르기, 구획 정리, 관개시설 따위를 하여 토지의 활용도를 높이고, 토지를 사용하기 좋게 만드는 작업을 말한다. 이 과정에는 수백 년에서 수천 년에 걸쳐 생성된 흙을 걷어내는 작업이 수반된다. 토지는 자본주의 사회에서 재산적 가치가 있기에 개발을 하면 경제적 이익이 발생 된다.

우리 주변에서 자주 볼 수 있는 풍경을 떠올려 보자. 토지전용 또는 토지 용도변경을 이용해 땅값을 불리는 방법 말이다. 싼값에 논이나 임야를 사서 용도변경을 신청해서 논을 밭으로, 밭을 잡종지 혹은 택지로 전환해서 시세 차로 수익을 얻는 방식 말이다.

경제적 논리에 따른 토지개발은 어제오늘의 일이 아니다. 한국 사회에서 공업화와 도시화가 급속하게 진행되면서 토지문제의 중심은 농지에서 도시 토지로 이동했는데, 문제는 1960년대 후반부터 이와 관련한 대비책이 마련되지 않는 상태에서 무분별한 부동산 개발이 이루어졌다.

강남개발은 한강 연안 공유수면 매립사업과 함께 강남지역을 아파트 밀집 지역으로 만들면서 땅값 폭등을 불러왔다. 이때부터 본격적으로 시작된 부동산 투기는 그 후에도 약 10년을 주기로 계속 일어났고, 부동산은 한국 정부와 국민에게 최대 화두로 부상했다.

강남개발 이후 한국 사회는 땀 흘려 일하는 삶이 잘 사는 사회가 아니라 불로소득을 좇아 민첩하게 움직이는 삶이 잘사는 사회가 되고 말았다. 정치인, 건설업자, 유력자, 재벌기업은 물론 중고기업, 중산층, 서민층에 이르기까지 모든 국민이 부동산으로 대박을 노리는 사회, 이것이 오늘날 한국 사회의 자화상이다[19]. 땅은 더이상 생명을 낳고 기르는 삶의 터전이

19 전강수, 『부동산공화국경제사』, 77-78.

아닌 자본이란 황금알을 낳는 거위로 전환되었다.

이제 도시 근교에서는 논이나 밭보다 창고나 공장이 많이 들어서고 있다. 논이나 밭을 메워 창고를 짓고 임대수익을 버는 것이 땀을 흘리며 농사를 짓는 수익보다 편하고 이익이 되기 때문이다.[20] 한국 사회에서 토지는 공장 부지나 창고 도로와 주택건설을 위해 콘크리트나 아스팔트로 뒤덮여가고 있다. 생명을 낳고 기르던 토지는 개발이란 명목으로 납골 중이다. 토지개발은 흙 파괴의 딴이름 한소리다.

오늘날 모든 곳에 길이 뚫려 있고 안 알려진 곳이 없으며 모든 곳이 상업에 이용되고 있다. 싱그러운 밭이 끔찍한 황폐함에 모든 자취를 숨겨 놓았다. 우리는 너무 오밀조밀 모여 산다. 자연이 우리를 지탱할 수 없을 만큼. 우리가 바라는 것은 늘어만 가고 욕망은 강렬해지지만 자연은 더이상 우리를 버텨낼 수 없다.

테르툴리아누스(Tertullian, De anima 30)

---

20 약 120평 규모의 창고를 하나 지으면 월세로 250~350만 원을 얻을 수 있으니 누가 힘들게 농사를 짓겠는가?

토지의 위기는 사람의 위기

토지의 자본화와 국가 주도의 무분별한 도시개발과 확장의 결과는 무엇일까? 농업 중심의 고대 사회에서 흙을 돌보지 않고 약탈적 농업을 자행한 결과는 토질 저하와 토양침식으로 더이상 곡물을 생산하지 못하는 불모지를 만들게 되었고 문명은 쇠퇴와 멸망의 길을 가게 되었다.

산업사회를 넘어 인공지능과 4차산업을 이야기하는 오늘날 지가(地價)와 부동산값이 장기적으로 상승하며 폭등을 거듭하는 곳에서는 부동산으로 말미암은 불평등, 양극화 문제 등이 발생할 수밖에 없고 그에 따른 사회적 갈등과 불안이 불가피하다. 주거비 부담으로 경제적 압박을 심하게 받는 청년들이 결혼과 출산을 아예 포기하는 바람에 출생률이 사상 최저 수준으로 떨어져 국가의 장기 지속가능성마저 의심해야 하는 상황까지 전개되고 있다.[21]

한 사회가 어떤 토지 소유제도를 채택하는지는 그 사회의 운명에 지대한 영향을 끼친다. 천부 자원이자 공급이 고정된 토지를 소수가 독점할 경우, 토지가 없는 다수 대중은 일자리를 찾기도, 생존에 필요한 소득을 충분히 얻기도 어려워진다. 이런 사회에서 소득과 자신의 불평등이 심해지고 각종 양극화

---

21 전강수, 위의 책, 166.

가 진행되기 마련이다. 지주가 토지로부터 얻는 수입은 본질적으로 불로소득이다. 소수의 지주층은 불로소득으로 호의호식하며 자꾸 부자가 되는데 대중은 노력 소득조차 누리기 어려운 상태가 오랫동안 지속될 경우, 어느 순간 사회의 밑동 어디에선가 강한 힘이 분출해 그 사회를 전복시킨다. 고대 그리스 사회가 몰락한 것은 대토지 소유 때문이었다. 로마제국이 멸망한 것도, 고려왕조가 무너진 것도 마찬가지였다.[22]

땅은 더이상 생명을 낳고 기르는 대지의 어머니가 아닌 재산적 소유의 개념이다. 가꾸고 보호하며 함께 더불어 살아야 할 동반자가 아니라 인간의 탐욕에 따라 사고 파는 자본으로 전락했다. 자산을 늘릴 수 있다면 땅은 망가져도 상관없는 사회가 되어버렸다. 하늘이 준 땅 위에서 더불어 살아야 하는 사람과 사람, 사람과 피조 세계가 함께 살아가지 못하는 토지(터) 위에서는 더이상 생명이 유지될 수 없다.

---

22 전강수, 위의 책, 17.

생태 이론 다시보기

1. 사람에게 땅이란 어떤 의미이며 생활 속에서 땅은 우리와 어떤 관계에 있습니까?

2. 생태계에서 흙(토양)의 역사와 역할에 대해 말해 봅시다.

3. 흙은 죽음의 위기에 놓여있습니다. 그 과정은 어떻게 이뤄졌나요?

4. 한국 사회에서 생명을 낳고 기르는 땅과 흙을 어떤 시각으로 바라보고 있습니까?

5. 땅을 자본의 관점으로 바라볼 때 어떤 일이 발생합니까?

6. 생명의 땅으로 회복하기 위해서 그리스도인들은 무엇을 추구해야 합니까?

생명의 땅을 향한 여정

토양(흙)의 회복[23]

농업이 시작된 기름진 강 유역을 제외하면, 문명들은 일반적으로 800년에서 2천 년 동안 유지되었다. 하지만 땅이 사라지거나 흙이 생산적이지 못하면 결국 사회는 무너졌다. 더 오랫동안 번영한 사회는 흙을 보존하는 방법을 알았거나 자연적으로 흙이 되살아나는 축복받은 환경이었다.

미시간대학 지질학자 브루스 윌킨슨에 따르면 지난 5억 년 동안 평균 침식 속도가 천 년에 2.5센티미터 정도였다고 한다. 하지만 오늘날에는 농지에서 흙 2.5센티미터가 사라지는데 평균 40년이 걸리지 않는다. 속도가 빨라진 탓에 흙의 침식은 지구적인 생태 위기로 떠올랐다.

흙의 위기는 인류의 지속 가능한 삶을 위협한다. 흙의 위기

---

23 데이비드 몽고메리, 『흙』, 10장 지속 가능한 미래의 기초 요약 및 발췌하여 옮겼다.

는 두 가지다. 첫 번째는 식물의 생장을 돕는 흙(표토와 겉흙)이 사라지는 침식이고, 두 번째는 토질의 저하. 흙을 회복하기 위해서는 침식을 막고 흙을 비옥하게 하는 방법이 필요하다.

새로운 시대의 농업 철학적 기초는 흙을 화학적 체계가 아니라 지역마다 다양한 생물학적 체계로 다루는 데 있다. 이는 생물학과 생태학을 기초로 한다. 흑, 물, 식물, 동물 그리고 미생물 사이의 복잡한 상호작용에 뿌리를 두고 있는 농업생태학은 지역 조건과 환경을 이해하는데 더 기대고 있다 이것은 사람들이 땅에 적용하는 방식을 택한다. 흙의 유기 물질을 늘리고, 산비탈에 계단식 밭을 만들고, 중요한 양분을 재순환시키는 방법으로 흙에 투자하는 노동집약적인 경작 방법이다.

기계를 사용한 경운이 흙의 침식을 가속화하고 지렁이와 같이 땅을 비옥하게 하는 땅속 생물을 죽였다면 그에 대한 대안은 무경운 농법이다. 무경운 농법은 흙의 침식을 지연시키는데 효과적이고 전통 농법과 유기 농법 모두에 적용할 수 있다.

소규모 유기농과 대규모 기계화된 농장의 무경운 농법을 함께 촉진할 수 있도록 정부는 정책과 보조금을 통해 인센티브를 지원한다면 노동집약적인 경작법은 안정적으로 확산될 것이다.

농지는 그 지역에서 농사를 짓는 이들이 소유해야 한다. 소작 농지는 사회에 큰 이익을 주지 않는다. 부재지주는 미래를 지키겠다는 생각을 거의 하지 않기 때문이다.

무엇보다 가장 중요한 사실 하나가 있다. 흙을 가꾸고 보호하는 일에 대해서는 절대 국가나 기업, 농부에게만 맡겨서는 안 된다. 이것은 심사위원이기도 한 우리 자신이 식탁을 다시 돌아보고, 슈퍼마켓 상품의 뒷면을 자세히 들여다보아야 비로소 시작되는 일이다.[24] 이와 더불어 텃밭 가꾸기나 도시농업을 통해 흙을 가까이할 수 있으면 더 좋겠다.

토지(터)의 회복

토지는 인류에게 선물처럼 거저 주어졌고, 만드는 데 비용을 지불한 사람도 없으며, 한번 차지하면 남에게 넘기지 않는 한 영원히 특별한 이익을 누릴 수 있는 물건이다. 빵이나 자동차처럼 필요하다고 해서 사람이 더 만들 수 있는 것도 아니다. 문제는 토지가 없으면 생산도, 생활도 불가능하다는 사실이다. 이런 특수한 물건을 어떤 사람이 독차지해서 다른 사람의 접근을 차단하고 이익을 독점하도록 허용하는 것은 정의롭지 않다. 거저 주어졌고 모두에게 중요한 만큼, 특정인이 절대적 소유권을 행사하는 것이 아니라 모든 사람이 평등한 권리를 누리도록 하는 것이 옳다.[25] 왜 그런가? 토지는 하나님의 것이

---

24 후지이 가즈미치, 『흙의 시간』, 253.
25 전강수, 『부동산공화국경제사』, 18.

기 때문이다(레위기 25:23).26

일제강점기에 한국의 토지는 일본인 대지주를 중심으로 한 대지주 계층에 점점 집중되었고, 토지가 없거나 적었던 농민들은 지주의 토지를 빌려 경작하며 고율의 지대를 바쳐야만 했다. 일제 강점기 조선 농민들이 춘궁기에 풀뿌리와 나무껍질을 먹으며 연명할 정도로 빈곤에 시달렸던 근본 원인은 식민지 지주제가 강화, 유지되었기 때문이다.27 이처럼 하나님의 것이 사람의 것으로 변할 때 특히 소수의 사람에게 집중될 때 삶은 고통스럽다.

하나님은 이런 폐해를 막기 위해 출애굽 후 가나안에 들어간 이스라엘 백성에게 땅을 골고루 분배하였다(여호수아 13장). 분배된 땅이 불변하도록 경계표를 옮기지 말라고 명령하셨다(신명기 19:14). 피치 못해 땅을 팔아야 하는 상황이 발생할 때는 희년에 원래의 주인에게 돌아가도록 명령하셨다(레위기 25장).

오늘날 성경적 토지 정의와 희년 사상을 실현하기 위한 최선의 방법은 무엇일까?

전강수 교수는 세 가지를 제시하는데 토지 그 자체를 균등하게 분배하는 방법, 국공유지를 확대하고 그것을 민간에 빌려줘서 임대료를 걷는 방법, 토지 사유제를 유지하되 토지보

---

26 토지를 영구히 팔지 말 것은 토지는 다 내 것임이니라 너희는 거류민이요 동거하는 자로서 나와 함께 있느니라.

27 전강수, 위의 책, 18.

유세를 높여 토지 불로소득을 환수하는 방법이다. 두 번째 방법은 토지공공임대제, 세 번째 방법은 토지가치세제라 불린다. 두 제도 아래서 국가가 토지로부터 수입을 얻게 되는데, 그 수입은 가능한 한 모든 국민이 균등하게 혜택을 누릴 수 있도록 사용한다[28]. 이러한 제도가 실현된다면 부동산 투기, 과잉토지개발, 불평등과 양극화, 기득권세력의 형성이 대폭 줄어들 것이다.

또 위의 제도를 통해 거둬들인 세금으로 농어촌 지원 및 농민 기본소득으로 확대한다면 경제적인 이유로 농지가 시멘트나 콘크리트로 뒤덮여 창고나 전원주택단지로 개발되어 땅이 더이상 훼손되지 않을 것이다. 또 농사를 지으려는 귀촌 인구의 유입으로 농촌이 활성화되고 땅도 살릴 수 있을 것이다.

이를 위해 성경적 토지 정의 모임에 관심을 갖고 참여한다면 대한민국 안에 부분적으로 하나님 나라가 실현될 것이다.

기독교 세계관의 회복

교회의 중대한 관심사는 구원이며 이 구원은 인간을 포함한 피조물의 치유를 의미한다. 세상을 치유하는 것, 바로 이것이 복음이다[29]. 하지만 한국교회의 구원관은 인간에게만 머물

---

28 전강수, 위의 책, 22.

러 있고 하나님의 창조 세계까지 확장하지 못하고 있다. 왜 그 럴까?

한국교회의 신앙은 미국의 복음주의 영향 아래에 있다. 미 국의 많은 복음주의자는 환경적 책임에 대한 관심이 반-하나 님, 반-미국인 그리고 반-자유 기업이라는 사악한 의제에서 생겨난다고 생각한다. 또 성경이 피조물 돌봄을 복음의 본질 적인 부분으로 가르치고 있다는 것을 믿지 않는다.[30]

피조물에 관련해서 성경적 세계관을 흐리게 만들어 왜곡 시키는 주요 요소들은 ① 그리스 철학에서 유래한 신학적 유 산 ② 계몽주의의 영향 ③ 자본주의 이데올로기 ④ 미국의 개 인주의 ⑤ 무비판적인 애국심 ⑥ 피조물에 대한 성경적 교리 의 무시 ⑦ 전천년 세대주의라고 지적한다.[31]

위의 일곱 가지 지적을 두 가지로 압축해 보면 첫 번째는 육과 영, 하늘과 땅, 성과 속을 가르는 헬레니즘의 이원론적 사상의 기독교 신학(1, 2, 6, 7) 때문이다. 그리스도교의 이상은 하나님에 대한 순수하고 영적인 명상의 세계를 추구하면서 물 리적인 세계를 거부하거나 벗어나는 것을 의미하였고, 영적 성장은 물질세계에서 영적 세계로 올라가는 여정을 의미했 다.[32] 이원론적 세계관은 하나님을 피조 세계에서 몰아내고

---

29 하워드 스나이더 · 조엘 스캔드렛, 『피조물의 치유인 구원』, 16.
30 위의 책, 95.
31 위의 책, 96.

구원을 피안세계로의 탈출로 왜곡시켜 하늘에서와 같이 땅에서도 이루어질 하나님 나라를 잊게 만든다.

두 번째는 자본주의의 사상(3, 4, 5) 때문이다. 자본주의는 서구 세계의 경제 성장과 번영의 원동력이다. 하지만 서구의 번영이 비범한 능력에서 온 것은 아니다[33]. 비윤리적 산업과 환경적 약탈에 눈을 감더라도 경제 성장만 하면 좋은 것이다. 자본주의는 소비지상주의와 물질만능주의에 엮여 개인주의의 풍요로움을 조장한다. 이러한 자본주의 경제로 운영되는 국가의 번영을 소망하는 삶은 무비판적인 애국심으로 연결된다. 이렇게 구멍 난 기독교 세계관의 영향 아래 있는 한국교회 교인들의 이상은 이 땅에서 부와 명예를 누리며 천국행 구원 열차에 오르는 것으로 전락했다.

한국교회가 하나님의 피조 세계 중 하나인 땅에 생명력을 회복하기 위해서 구멍 난 세계관을 성서의 가르침으로 수선해야 한다. 먼저 이원론적 세계관의 극복이다. 신플라톤주의의 영향 아래에 있던 아우구스티누스는 원죄를 너무 강조한 나머지 피조물의 본래의 선함을 약화시켰다.[34] 하나님은 모든 피

---

32 위의 책, 98.

33 위의 책, 101. 예를 들어 미국 경제의 성공은 거의 무제한의 천연자원들, 미국 원주민과 그들의 문화 억압, 노예제도, 이민자의 유입, 유럽 제국과 식민주의의 유산이다. 또 군사력과 세계적인 비밀 작전 사업에 대한 정부 보조와 보호, 불공정한 무역 협정 그리고 지적 재산권 법안은 미국 경제의 증대를 도왔다. 이는 도덕적으로 진흙투성이인 역사다.

조물을 만드시고 매번 보시기에 좋다고 말씀하셨다(창세기 1장). 교회는 이 말씀을 기억할 이원론을 극복하고 피조 세계의 회복과 생태적 정의를 위해 노력할 수 있다. 다음으로 자본주의에 바탕을 둔 무비판적 애국심을 극복하는 일이다. 그리스도인은 국가적 정체성이나 정치적 정체성을 넘어선다. 진정한 그리스도인들은 온 땅을 전 지구적인 관점에서 본다. 하나님 나라의 시민이라는 의식으로 전 세계의 평화와 피조 세계의 생태 환경의 회복을 위해 노력해야 한다. 하나님의 아들 예수가 육신의 몸을 입고 이 땅 가운데서 하나님 나라를 이루기 위해 사신 것처럼 말이다.

이제 우리는 하나님께서 아브라함에게 가라고 명하신 땅으로 떠나야 한다. 그 땅은 갈대아 우르의 땅과 다른 하나님의 나라를 구현할 땅이다. 토양을 살려 모든 사람이 먹고 남을 식량을 가꾸고 모든 사람이 함께 어우러져 살아가는 생명의 땅을 향한 여정으로 부르신 아브라함의 하나님은 기후위기에 처한 오늘, 우리를 부르시고 있다.

---

34 위의 책, 40.

생명의 땅을 위한, 나만의 실천
(토양회복, 토지정의, 성경적 가치관 등)

1.

2.

3.

이름: _____ (서명) _____

생명과의 만남

흙은 단순히 물질일까요? 흙이 살아있다고 표현할 수 있을까요? 흙을 만나러 가까운 숲으로 가봅시다.

숲속 흙은 어떤 느낌일까요? 맨발로 흙과 이야기를 나눠보세요. 발로 밟고, 손으로 만져보고, 흙냄새도 맡아 보세요. 땅의 기운이 느껴질 거예요. 부드럽고 포근한 느낌과 함께 생명을 찾아봅시다.

숲의 낙엽 밑을 잘 살펴보세요. 그리고 깜짝 놀라 꼬물거리는 작은 벌레들의 아우성을 느껴보세요. 내친김에 흙도 살짝 파 보세요. 눈에 보이지 않던 땅속 세상의 생명들이 모습을 드러냅니다. 흙이 건강해야 땅속 생물의 다양성이 좋아지고 나무도 잘 자라며, 물을 저장해 두는 녹색 댐 기능도 높아진답니다.

흙을 만나다

준비물: 돋보기, 모종삽, 필기도구

1. 땅을 발로 밟아 보세요. 어떤 느낌인가요?

2. 흙을 한 주먹 쥐고 만져보세요. 감촉이 어떤가요?

3. 흙의 색깔은 어떤가요?

4. 흙 알갱이를 살펴보세요. 어떤 모양인가요?

5. 흙의 냄새를 맡아보세요. 어떤 냄새죠?

6. 귀를 흙 가까이에 대보세요. 어떤 소리가 들리나요?

7. 숲속에서 낙엽도 찾아 관찰해보세요. 같은 나무의 낙엽 중 갓 떨어진 낙엽, 분해가 진행되고 있는 낙엽, 분해가 거의 이루어진 낙엽 3가지를 각각 찾아 비교하고 그림으로 그려보세요.

땅속 생물과 마주치다

준비물: 돋보기, 모종삽, 철망채(2mm), 샬레, 스케치북, 필기도구

1. 1m² 정도의 흙 속에 살고 있는 토양 생물들을 돋보기로 찾아보세요.

2. 스케치북을 펴고 그 위에 낙엽과 표토를 철망채로 거르세요.

3. 종이 위에 떨어진 토양 생물들을 돋보기로 관찰해 보세요.

4. 벌레를 샬레에 담아 돋보기로 밑바닥을 살펴보세요. 벌레의 배면과 기어다니는 모습을 볼 수 있겠죠.

5. 토양 생물을 모두 샬레에 담고 관찰한 내용을 하나씩 적어보세요.

6. 관찰이 끝나면 샬레에 담은 생물들을 다시 토양으로 돌려보내세요.

함께 생각해 봅시다

1. 몇 종류의 토양 생물이 관찰되었나요?

2. 관찰한 토양 생물의 이름을 아는 대로 적어보세요.

3. 토양 생물이 토양 생태계에서 하는 역할은 무엇일까요?

4. 이 밖에 눈에 보이지 않는 생물은 없을까요? 있다면 이들이 토양 생태계에서 하는 역할은 무엇일까요?

황무지가 장미꽃같이

철조망이나 구조물들로 인해 접근하기 어렵고 방치된 땅이 작은 꽃밭이 되는 꿈을 꾸며 씨앗볼을 만들어 봅시다.

1. 해바라기, 코스모스, 채송화와 같은 씨앗을 준비한다.

2. 숲에서 만난 진흙, 부엽토(퇴비, 커피 찌꺼기도 가능) 그리고 씨앗을 5:1:1 비율로 골고루 섞는다.

3. 물을 부어가며 동그란 모양으로 반죽한다.

4. 그늘에서 2~3일 말린다.

5. 평소 보아 둔 장소에 가서 던진다.

4과

살림과 먹임

말씀 묵상: 죽음으로써 피어나는 생명

생태 이론: 먹고 먹이는 생명공동체

생활 실천: 순환과 소통의 생명공동체

죽음으로써 피어나는 생명

요한복음 12장 24~25절

[24]내가 진정으로 진정으로 너희에게 말한다. 밀알 하나가 땅에 떨어져서 죽지 않으면 한 알 그대로 있고, 죽으면 열매를 많이 맺는다. [25]자기의 목숨을 사랑하는 사람은 잃을 것이요, 이 세상에서 자기의 목숨을 미워하는 사람은, 영생에 이르도록 그 목숨을 보존할 것이다.

빌립보서 2장 5~8절

[5]여러분 안에 이 마음을 품으십시오. 그것은 곧 그리스도 예수의 마음이기도 합니다. [6]그는 하나님의 모습을 지니셨으나, 하나님과 동등함을 당연하게 생각하지 않으시고, [7]오히려 자기를 비워서 종의 모습을 취하시고, 사람과 같이 되셨습니다. 그는 사람의 모양으로 나타나셔서, [8]자기를 낮추시고, 죽기까지 순종하셨으니, 곧 십자가에 죽기까지 하셨습니다.

1. 생명은 죽음 위에서 피어납니다. 예수님은 한 알의 밀알 속에서 생명 논리를 발견합니다. 한 알의 밀알이 땅과 어울리며 썩어질 때 열매가 맺힌다는 말씀으로, 생명의 풍성함의 시작은 희생과 내어줌이라는 것을 깨닫게 됩니다. 밀알의 비유를 창조 질서의 회복을 꿈꾸는 우리의 삶으로 가져와 봅시다.

2. 모든 생명이 자신들의 생명을 유지할 수 있는 이유는 무엇일까요?

3. 예수님의 십자가 사건은 밀알의 죽음과 그 이치를 같이합니다. 십자가 사건은 어떤 의미일까요?

4. 피조 세계의 생명들 앞에서 낮아지는 모습 혹은 자기를 비워낸다는 것은 어떤 의미일까요?

5. 우리의 태도, 인식, 삶의 방식 등에 약육강식의 논리는 어떤 영향을 주었을까요?

먹고 먹이는 생명공동체

'지속가능발전'을 되짚으며 '기본값' 다시 설정하기

생태학은 '인간 중심 논리'와 '경제성장중심 논리'를 지양하고자 하는 대안적 학문이자 생활 운동이라고 할 수 있다. 21세기에 들어서면서 전 지구적 위기를 극복하고자 하는 목소리는 더욱 높아졌다. 국가에서도 녹색 정책들을, 심지어 기업에서도 친환경(eco friendly)적인 상품들을 내놓고 있다. 이러한 맥락에서 '지속가능발전'(sustainable development)은 새로운 발전담론[1]으로 90년대 이후부터 지금까지 주목받고 있다. 지속가능발전은 산업화로 인해 파괴된 지구를 고려하여 인간과 자

---

1 '지속가능한 발전'이라는 개념의 출발점은 1987년 세계환경개발위원회의 브룬트란트보고서에서 밝힌 '최대 지속가능한 생산력'이라는 개념에서 시작됩니다. 이 보고서에서는 현 세대의 개발 욕구를 충족하면서도 미래세대의 개발 능력을 저해하지 않겠다는 생산모델이 제시됐습니다. 그리고 1992년 열대우림의 파괴가 심각했던 브라질의 리우에서 유엔환경개발회의가 개최되었고, 행동강령 형태로 아젠다21이 채택되었으며, 유엔경제사회이사회 산하에 지속가능개발위원회가 설치되었습니다. 우리나라에서도 2000년 9월 대통령자문기구로 '지속가능발전위원회'가 창립되었습니다.

연의 공존을 바탕으로 한 발전 담론이다. 유엔에서는 2015년 인류의 상생과 발전을 위해 '지속가능발전 17개 목표'(원제 : transforming our world : the 2030 agenda for sustainable development, 아래 SDGs), 줄여서 '지속가능발전목표'(Sustainable Development Goals)를 발표하고 이를 2030년까지 달성하는 것을 목표로 하였다.

위의 표는 유엔이 발표한 내용을 한국의 상황에 맞게 수정 보완된 일명 K-SDGs이다. 내용을 살펴보면 전 지구적, 즉 온 생명의 공존을 위한 것이라기보다는 오직 인류의 풍요가 지속 되기 위한 사항들이라는 것을 어렵지 않게 확인할 수 있을 것 이다. 이미 그 언사에서도 모순이 드러나듯, '지속가능성'과 '발전'은 부딪힐 수밖에 없는 개념이다. 지속가능성은 결국 인 간 생활의 향상이 장래까지 지속되기 위한 담론이라 말할 수 있다. 얼핏 봐서는 환경을 생각하고 있는 계획들로 보이기 때문에, 자연을 개발하는 것에 대한 면죄부를 주는 개념으로 사용되기도 하다. 현재의 생산중심주의와 개발모델을 환경 친화적으로 변화시키는 것을 정당화하는 모호한 지점에 있는 개념이 되고 있는 것이다. 물론, 친환경적 생산, 과잉 생산 억제와 같은 아젠다는 어느 정도 환경을 고려한 것이다. 그러나 근대의 발전 담론에서 헤어져 나오는 것, 기술 과학의 한계를 직시해야 하는 것, 탈-인간중식적 사고와 같이 인식의 대전환을 생태학적이라 할 때, 이는 생태적 담론이라고도 볼 수 없을 것이다.

이처럼 인간을 지구의 기본값으로 놓고서 세워지는 정책들은, 혹은 자연을 자원으로 간주하고 지배의 대상으로 보는 실천 담론들은 이미 친자본주의적, 친시장경제적, 친개발 이라는 한계를 지니고서 출발하게 된다. '지배적인 세계관과 사회체제의 가정이나 모순 등에 진지하게 도전하려 시도하지 않은 채, 현 사회 내에서 환경 문제를 다루려 하는 시도들'[2]은 상생과 공존의 철학이자 윤리인 생태적 패러다임과는 그 길을 달리한다.

---

[2] 문순홍, 『생태학의 담론』 (서울: 아르케, 2006), 50.

환경 너머의 생태계

친환경적이라는 개념과 생태계라는 개념은 유사 단어 같지만 실상은 다른 개념이다. 환경이 인간 중심적 시각을 전제했다면 생태계는 순환과 소통의 지구 중심적 관점을 반영하고 있다. 생태적 인간으로 산다는 것은, 정원의 울타리 넘어 들과 산, 흙과 물, 벌레와 동물로 복잡하게 고리를 이루고 있는 세상을 의식하는 것이다. 다시 말해, 조형적 나무와 꽃으로 단장된 주변 환경 너머의 무한히 넓은 자연을 일상에서도 기억하는 것 그리고 우리가 그 속에서 하나의 생명체로 살아가고 있다는 것을 계속 의식하는 것이다.

생태계를 의식한다는 것은 곧 인간 중심적 사고에서 탈피한다는 말과 다르지 않다. 인간과 인간, 또 인간과 사회 간의 관계에만 국한에 왔던 형이상학적 주제들의 지평을 넓혀, 자연에게까지 의식이 확장된다. 정신-물질, 자연-문명, 생산-생존과 같이 이원론에 입각한 근대 문명의 부정과 동시에 성장 제일주의를 벗어나게 하는 의식일 것이다.

이는 생태계를 상호 의존성과 유기적으로 통합된 살아있는 시스템으로 이해하는 것을 바탕으로 한다. 인간과 자연이 서로 도움을 주고받는 대등한 파트너로서 존재함을 받아들이는 일, 바로 생태적 관계로서 세계 인식일 것이다.

서로 연결된 우리

데카르트의 방법론은 문제들이 부분들로 쪼개질 수 있으며, 정보는 수학적 법칙과 관계들에 부합하도록 조작될 수 있다고 가정하였다. 그는 모든 문제가 부분들로 분석 가능하며, 부분들은 복잡한 환경적 맥락을 제거하고 일련의 규칙들에 따라 조작됨으로써 단순화될 수 있다고 생각하였다. 그는 그의 방법론이 자연을 지배할 수 있는 힘이자 열쇠라고 생각하였다. "우리가 도달할 수 없을 정도로 멀리 있는 것은 없으며, 우리가 발견 못할 정도로 깊이 숨겨져 있는 것은 없다"라고까지 자신의 방법론을 자신하였다.[3] 데카르트의 이러한 이론을 토대로 발전한 기계론적 세계관은 모든 현상을 분할 가능한 입자의 기계적 상호작용으로 파악하여 생명의 전일성과 유기적 통합성을 자각하지 못하였다. 하나가 망가지면, 다른 또 하나가 망가지고 있는 우주의 연결들을 간과한 것이다. 즉, 생태사상은 '부분의 단순한 합으로는 전체를 이해할 수 없다'라는 가정 아래 출발한다.

생태사상은 부분이 아닌 그것을 넘어 우주에 근거를 둔다. 살아있는 동식물과 함께 돌, 광물들을 비롯한 무생물 요소들을 자연의 범주에 포함된다. 자연의 균형과 통일성, 안정성,

---

3 최민자, 『생태정치학: 근대의 초극을 위한 생태학적 대응』, 2007, 20.

다양성, 조화를 유지하는 것이 최대 목표이다. 모든 사물이 중요하고, 모든 생물과 무생물이 저마다의 의미를 가지고 있다.

만물은 다른 만물과 연결되어 있다. 전체는 각 부분들을 한정한다. 반대로 한 부분에서의 변화는 다른 부분들, 나아가 전체를 변화시킨다. 생태적으로 이는 생태계의 어떤 부분도 순환의 역동성을 바꾸지 않고서는 제거될 수 없다는 생각에 의해 드러난다. 만약 너무 많은 변화가 일어나면 생태계는 붕괴한다. 대신 실험실에서 환경의 일부만을 떼어 내 연구하면, 전체로서 생태계 이해가 왜곡될 수 있다.[4]

이는 전체론적 사고이다. 전체 속에서 인간은 유기체적 우주계 속의 일부로 등장한다. 각 요소들이 서로가 불가분의 공생관계를 맺고 있음에 주목하였다.

이 세계란 그 안에 질서와 무질서가 뒤섞여 있는 곳이다. 이 뒤섞임 속에서 사물들은 본질적인 상호 연접 관계를 맺게 된다. 무질서는 질서와 더불어 많은 사물들이 상호 연접되어 있는 공통의 성격을 서로 나누어 갖게 된다.[5]

---

4 케롤리 머천트, 『레디컬 에콜로지』 (서울: 2007), 122, 재인용.
5 김상일, 『화이트헤드와 동양철학』 (서울: 서광사), 40, 재인용.

먹이고 먹으며 운행되는 세계

종교생태학자 이준모는 여느 생태학자와 마찬가지로 자연을 물질로서 보는 것을 경계함은 물론, 나아가 자연을 생명을 살리려는 '타자를 위한 존재'라고 정의하였다[6]. 그는 이를 '생태 논리'라고 정리하였는데, 모든 생명은 자기를 위하고 동시에 타자를 위한다는 내용이 그것이다. 즉, '타자를 위한 존재'와 '자기를 위한 존재'의 변증법적 통일로서 종교 생태학을 말했다.

이는 우리의 '먹음' 행위로 단박에 이해될 수 있다. 우리 모든 생명들은 먹지 않고는 살 수가 없다. 우리는 돌과 같이 생명이 없는 것을 먹을 수 없다. 오직 생명이 있는 동물과 식물을 먹어야 살아갈 수 있다. 즉, 살아있는 생명들의 죽음과 희생 위에서 우리는 우리의 삶을 영위해갈 수 있는 것이다. 이준모는 지배 주의적 관점인 약육강식의 논리로 이를 보지 않고, 생명이 생명을 내어줌으로써 생태계가 유지된다고 보았다. 정리하면, 우리 모든 생명들은 자신의 존속을 위해 타자의 생명을 취하는 '나를 위한 존재'이자, 타자의 생명을 위해 우리의 생명을 내어주는 '타자를 위한 존재'가 된다. 그의 생태 논리의 단초는 동학에서 얻은 것이다. 해월(최시형)은 모든 만물 속에 신

---

6 이준모, 『생태적 인간』 (서울: 다산), 186.

의 기운이 깃들어 있다고 보며, 진실하게 신을 믿는 사람들은 "지구 한구석이 파괴되면 내가 아프고 고통을 받게 된다"[7]라고 밝힌 바 있다. 그는 모든 만물이 만물을 먹임으로써 생명이 풍성해진다고 보았기에, 모든 만물을 하늘처럼 공경해야 한다고 말했다. 먹음과 먹힘의 관계를 강약의 대결이 아닌 만물이 서로를 키우고 살리는 행위로 본 것이다.

이처럼 생명은 서로가 서로를 먹이며 자라난다. 서로가 서로를 내어주고 서로가 서로를 응하여 주는 '상응성'(이준모)이 생명의 질서 속에서 발견된다. 예를 들어, 땅에 씨를 뿌렸을 때, 땅이 싹을 틔워주지 않는다면 어떻게 될까? 또, 가을에 추수하려고 하는데 곡식이 없으면 어떨까?[8] 이는 씨를 뿌리는 농부의 노동력을 땅이 응해주기 때문에 가능한 것이다. 그리고 땅이 씨를 위한 양분으로 응해주기 때문에 가능한 것이기도 하다. 생명을 매개로 자연이 서로에게 응해주고 있기 때문에 생명이 자라나게 되는 것이다.

밥상을 넘어

흔히 '먹거리'의 문제를 이야기할 때 우리 인간은 우리네의

---

7 해월, 『해월신사법설』, "천지부모"편.
8 이준모, 같은 책, 184.

밥상을 먼저 떠올리게 된다. 그리고 그 밥상에 유기농, 친환경 마크가 찍힌 먹거리를 올리는 것이 생태적인 삶을 사는 것이라 생각하는 사람들도 적지 않을 것이다. 그런데 모든 생명이 타자의 희생과 죽음 위에서 살아가고 있다는 것을 알 때, 특히 생명계 속에서 인간의 위치가 더욱 그러하다는 것을 자각할 때, 우리는 보다 반성적인 태도로 '먹거리'의 문제를 살펴야 할 것이다. '먹거리'란 말 자체도 인간을 기본값으로 설정하고 있기에 자연을 착취의 대상으로 보게 되는 오류를 낳게 한다. 이제 우리는 우리만의 먹거리가 아닌, 모든 생명의 먹거리를 고민해야 한다. 서로가 먹고 먹이는 관계로 복잡하게 짜여진 생태계의 관계들이 더는 깨지지 않도록 깊이 성찰해야 한다.

흙과 지렁이, 나비와 꽃, 물과 물고기, 큰 동물과 작은 동물, 햇빛과 사과… 이들의 먹고 먹임의 관계가, 다시 말해 모든 생명들의 먹거리가 온전히 그들의 도(道)에 맞게 상응될 수 있도록 인간은 함께 고민해야 하는 것이다.

내어줌의 삶으로

우리는 타자가 생명을 내어주기 때문에 살아갈 수 있다. 인간은 우리에게 끊임없이 내어줌을 실천하는 자연물(自然物) 자체에 대한 감사를 돌려야 한다. 서로가 서로에게 응해주는 것, 즉 '내어줌'은 종교적 언어이다. 앞에서 묵상했듯, 예수의 자기

희생은 '생태논리'의 극대화라고 할 수 있을 것이다. 이로써 기독교는 근본적으로 생태논리를 진리로 하는 종교라 말할 수 있게 된다. 우리의 삶이 타자의 생명에 절대적으로 의존되어 있다는 사실을 망각하며 살아가는 죄 된 현실을 경정(更正)해 나가는 것, 바로 그것이 그리스도인들의 역할이 되어야 할 것이다.

생태 이론 다시 보기

1. 자연은 나에게 어떤 존재입니까?

2. 지속 가능한 발전의 문제점은 무엇일까요?

3. 생태적이라는 말과 친환경적이란 말의 근본적 차이는 무엇일까요?

4. 나와 자연이 연결되어 있다고 느낄 때가 있나요?

5. 전체론적으로 세계를 인식한다는 의미는 무엇일까요?

6. 예수님의 십자가 사건 속에서 발견되는 생태 논리가 있나요?

7. 나는 생태계에 어떤 내어줌을 실천하고 있나요?

8. 모든 생명들의 '먹거리'를 위해 우리가 할 수 있는 일은 무엇이 있을까요?

순환과 소통의 생명공동체

부모님의 부모님 세대만 해도 먹거리들이 어디에서 오는 지 어떻게 생산되는지 궁금해야 할 필요가 없었다. 왜냐하면 직접 농사를 지어 자급자족 생활이 가능했기 때문이다. 우리에게 먹거리를 내어주는 자연은 소중하고 고마운 존재였다. 먹거리를 사람이 혼자 키우는 것이 아니라 생명공동체의 햇살과 바람이, 곤충과 풀들이 서로 의존하며 함께 키우는 것을 알고 있었다. 우리에게 생명을 내어준 자연을 생각하며 감사히 먹고 함부로 버리지 않았다.

생명공동체 안에는 버려지는 쓰레기는 없었다. 마당 한 켠에 만들어 놓은 커다란 웅덩이 안에 모아 두면 미생물들이 발효시켜 자연으로 되돌려 보냈다. 함께 지내는 짐승에게도 건강한 음식을 주고 쉴 수 있는 공간을 마련해 주었다. 겨울에는 생명을 내어준 땅의 회복을 위해 노력하면서 생명력을 잃지 않도록 하였다, 생명공동체로서 함께 살아갔다.

1. 인간의 먹거리로 망가져 가는 생명공동체

생명공동체의 모든 생명은 서로를 내어주며 함께 자연의 리듬에 맞춰 살아간다. 서로를 내어주던 생명공동체는 인간의 욕심과 과학기술의 발달로 자연의 리듬을 따라가는 것이 아니라 자연의 리듬을 무시한 채 인위적으로 리듬을 만들어 가며 인간 중심적 먹거리 생산에만 몰두하게 되었다.

1950년대 이후 개발도상국의 식량 증산을 이뤄낸 농업 정책을 녹색 혁명이라고 한다. 녹색혁명으로 다수확 품종의 보급과 화학 비료의 생산, 관개 농업의 발전 등으로 대규모 단일 경작이 일반화되면서 생물종의 다양성이 크게 훼손되었다.

동물들은 공장식 밀집 사육 축사에서 항생제와 성장호르몬을 투여받으며 인간의 먹거리로 생산되기 위한 잔인한 학대를 받고 있다.

식물들을 그 땅에 맞는, 계절에 맞는 열매를 맺는 것이 아니라 사람의 기호에 맞게 유전자가 조작되고 수확기간도 조정되고 있다.

땅은 도구화되어 회복할 시간 없이 끊임없이 이용되며 생명력을 잃어 가고 있다.

200마리 쥐에게 유전자 조작 옥수수를 먹여보는 실험이 2012년 프랑스의 캉대학에서 진행되었다. 그 결과 50-80퍼센트에 해당하는 쥐들에게 거대한 종양이 발견되었다. 연구팀

은 유전자 조작 농산물이 각종 종양을 일으키고 간이나 위장의 기능을 약화시킨다고 발표하였다. 9

베트남 출신의 명상가이자 평화 운동가인 틱낫한 스님은 자신의 책에서 비좁은 닭장에 갇힌 닭은 화가 많을 수밖에 없고, 이러한 닭을 먹게 되면 사람 역시 화가 쌓여서 자주 폭발하게 될 수밖에 없으며 잔인한 학대 수준으로 살다 도살당하는 돼지나 소도 다를 바 없다고 하였다.10

팜유는 기름야자나무 열매에서 추출한 식물성 기름으로 빵이나 과자를 비롯하여 세제와 비누까지 여러 곳에서 쓰인다. 세계 최대 팜유 생산국인 인도네시아에서는 지난 25년 동안 영국 전체와 맞먹는 숲이 파괴되었다. 팜유 생산으로 가장 피해를 보는 것은 열대우림에서 살아가는 고릴라다. 지난 16년 사이에 고릴라의 수는 절반으로 줄어들었다. 11

레이첼 카슨은 『침묵의 봄』에서 풀을 제거하는 제초제와 해충을 제거하는 살충제의 무분별한 사용이 생명공동체와 자연에 어떤 영향을 미치는지를 설명하면서 살충제는 생명을 죽이는 살생제로 여겨야 한다고 말한다.

세상을 창조하시고 보시기에 좋았던 피조물들이 인간의 욕심으로 소통이 단절되고 서로를 살리는 순환이 아닌 서로를

---

9 위문숙, 『윤리적 소비』 (서울: 내인생의책), 36.

10 위의 책, 65.

11 위의 책, 82.

죽이는 순환으로 망가져 가고 있다.

2. 생명 살림을 위한 소통과 순환

하나님이 창조하신 모든 생명은 소중하다. 모든 생명이 서로 의존하며 먹고 먹이며 서로에게 내어줌으로 이어지고 있다. 서로의 도움으로 생태계의 생명공동체의 살림이 이어짐을 늘 기억해야 한다. 인간의 욕심으로 단절된 소통과 순환은 과학기술의 도움으로 해결할 수 없다.

땅의 순환과 소통을 위해 노력하는 농업 중에 자연농법이라는 것이 있다. 기본적으로 유기농업과 비슷하지만 자연과의 공존을 강조하는 점에서 차이가 있다. 자연농법에서는 잡초라는 말을 쓰지 않는다고 한다. 잡초는 없어져야 한다는 뜻을 지니지만 자연농법에서 보면 풀은 없어서는 안 될 동반자이다. 풀을 뽑지 않으면 풀은 땅을 덮어 수분 증발을 막아주고 퇴비역할을 하며 미생물의 번식을 도와 토양을 살린다. 또 곤충들이 풀을 먹으면서 농작물이 입는 피해도 적기 때문에 제초와 비닐 덮개가 전혀 필요하지 않다. 비료를 사용하면 질소질을 과다하게 공급해 토양을 약하게 하고 약해진 토양은 병충해에 취약해지고 그 병충해를 잡기 위해 또 농약을 사용하고 약해진 땅의 생명력의 회복을 위해 쉼을 내어주는 것이 아니라 또 비료를 주고… 이렇게 악순환이 연속된다. 자연농법은 이 모든 과정을 끊고 자연 순환 원리를 따른다. 생명공동체의 리듬과 시간 안에서 다양한 생물들이 함께 어우러지는 건강한 생태계가 유지된다.[12]

생명공동체의 순환과 소통을 위해 무제초제, 무농약, 무화학 비료, 무시판 퇴비, 무비닐, 무기계의 생태순환 농법으로 농사를 지을 필요가 있다. 생태순환 농법으로 농사를 짓는 사람들은 땅 살리기에 온 힘을 기울이고 있다. 왜냐하면 건강한 땅에서 수확한 먹거리들이 생명을 살릴 수 있기 때문이다. 생태순환 농법에서 건강한 먹거리들의 살림에는 사람뿐만 아니라 생명이 있는 모든 것들을 포함하며, 분배의 중요성도 강조하고 있다.

생명공동체의 살림을 위한 먹거리는 사람뿐만 아니라 모든 생태계의 건강한 먹거리가 되어야 한다. 하나님은 창조하신 모든 피조물이 보기 좋다고 하시며 생육하고 번성하라는 축복을 주셨다.

자연을 우리의 소유로 생각했던 과거를 깊이 있게 반성해야 한다. 우리의 살림을 위해 자신의 내어주는 생명공동체에 감사하는 마음을 가질 필요가 있다. 생명공동체가 건강하게 회복될 수 있도록 우리의 식탁의 먹거리가 생명공동체 안에서 어떻게 만들어지고 있는지, 익숙한 것들에 궁금증을 갖게 되

---

12 「가톨릭신문」, 2020. 7. 19.

는 것이 소통과 순환의 출발점이 된다.

3. 생명공동체를 살피는 소비

생명공동체의 소통과 순환을 위해 먹거리를 선택할 때 진열된 먹거리의 상태만 보는 것이 아니라 원재료에서부터 제조, 완성, 유통 등의 과정과 기업의 정신까지 꼼꼼히 살펴야 한다. 아동을 포함한 노동력의 착취는 없었는지, 동물 복지가 얼마만큼 이루어지고 식품의 안정성을 위해 동물 실험을 실시하지 않았는지, 먹거리를 생산하기 위해 환경의 보호를 위해 얼마만큼 노력했는지를 살펴보면서 생명공동체 일원으로 책임감을 느끼는 소비생활이 필요하다.

이러한 생명공동체의 소통과 순환을 위한 소비생활을 살펴보면 다음과 같다.

녹색 소비에서 중요하게 생각하는 가치는 환경입니다.

환경에 미치는 영향을 중요하게 생각하는 소비이다. 생명공동체를 위해 친환경 상품을 이용하고, 재활용이나 재사용이 가능한 상품, 불필요한 포장이 없는

상품을 구매한다.

예를 들어 '탄소 레이블링'은 제품을 생산·유통·소비하는 전 과정에서 발생하는 온실가스의 총량을 이산화탄소 배출량으로 환산하여 제품 겉면에 표시하는 제도이다.

착한 소비에서 중요하게 생각하는 가치는 인권입니다.

착한 소비는 먹거리가 만들어지는 과정에서 인간과 동물, 환경에 해를 주었는지와 함께 제3 세계에서 생산되는 제품들에 어린이를 포함한 노동력 착취가 없었는지를 살피는 소비이다. 인권을 보호하고 노동의 대가를 공정하게 지급함으로써 경제적 자립을 도와 안정적 생활을 할 수 있도록 공정무역으로 생산된 먹거리 구입하는 것 또한 생명공동체를 살피는 소비이다.

공정무역제품임을 인증하는 로고로 사람이 한쪽 팔을 치켜들고 환호하는 모습을 형상화한 것으로 희망과 성장을 의미한다.[13]

---

13 http://www.fairtradekorea.org.

생태 소비에서 중요하게 생각하는 가치는 순환과 소통입니다.
인간을 위한 자연, 인간을 위한 환경, 인간을 위한 동물이
아니다. 하나님이 창조하신 피조 세계의 모든 것이 소중하며
먹이고 먹으며 상호의존으로 연결되어 생태계를 중요하게 생
각해야 할 것이다.

생명공동체의 순환과 소통을 위한 방법 중에 로컬푸드가
있다. 지역 내에서 생산된 농산물을 지역의 소비자들이 소비
하는 것으로 유통 과정이 축소되면서 환경오염이 줄어들고,
농부와 소비자들을 직접 연결 짓는 공간을 의미하기도 한다.
우리나라에서는 2008년도에 전라북도 완주군에서 처음 시작
되어 지역의 특성과 환경이 고려된 먹거리들이 생겨나고 있
다. 로컬푸드 소비를 통해 농부들은 자연의 리듬과 생태계의
안전을 고민하면서 먹거리를 키우고 밥상의 안전한 먹거리를
넘어 자연과 환경을 함께 생각하는 생태적 소비를 가능하게
한다. 소비자와 공급자가 함께 생명공동체의 순환과 소통에
참여하게 된다.

먹거리는 단순히 경제 가치로 평가되는, 시장에서 돈으로
사고파는 상품이 아니다. 먹거리에는 '나'라는 인간이 다른 인
간과 경제적, 사회적으로 맺고 있는 관계, 또 내가 자연과 맺고
있는 관계가 담겨 있다. 그뿐 아니라 먹거리 안에는 다양한 윤
리적 도덕적 가치도 담겨 있다.[14] 우리는 다른 생명이 자신의
생명을 내어주기 때문에 살아갈 수 있다. 생태계 안에서 하나

님이 창조하신 피조물의 일원으로 모든 피조물과 상호의존하며 모두를 살리는 생명공동체를 다시 회복하기 위해서라도 우리의 '먹음'에 대한 반성적 성찰이 필요할 것이다.

---

14 허남혁, 『내가 먹는 것이 바로나』 (서울: 책세상).

생명공동체를 향한 나의 열정 지수

생명공동체는 서로 의존하며 살고 있습니다. 아래의 내용을 체크하고, 자신이 얼마나 생태적인 삶을 살고 있는지 진단해 봅시다(번호가 커질수록 생태적 삶의 지수도 높아집니다).

1. 건강한 먹거리는 어떤 의미를 갖습니까?
   ① 생각해 본 적이 없다
   ② 가족들의 건강에 도움이 되는 음식
   ③ 먹거리를 생산하는 사람들의 노동력이 제 값을 받을 수 있는 음식을 구매하는 것
   ④ 자연과 인간 모두가 상호로 행복할 수 있는 먹거리를 구매하는 행위와 그것을 위한 고민

2. '먹거리가 나를 만든다'는 어떤 의미를 갖습니까?
   ① 생각해 본 적이 없다
   ② 건강을 위해서 좋은 음식을 먹는다
   ③ 음식을 먹을 때 자연을 생각한다. 생명에 대한 교감을

통해 자아 정체성을 확립한다.

④ 생명에 대한 교감을 통해 자아 정체성을 확립한다.

3. 모두를 위한 먹거리는 어떤 의미를 갖습니까?

① 생각해 본 적이 없다

② 가족을 위한 먹거리

③ 전 세계 사람을 위한 먹거리

④ 서로 연결되어 있는 생명공동체 전체를 위한 먹거리

4. 생태적 소비란 어떤 의미를 갖고 있습니까?

① 생각해 본 적이 없다.

② 지구 환경에 대한 소비자가 지켜야 할 예의

③ 인권과 동·식물권에 대한 관심을 갖는 일

④ 생명공동체의 순환과 소통을 위한 것에 관심을 갖는 일

5. '지속 가능 발전'의 한계를 극복한 〈생태공동체를 위한 17가지 목표〉를 만들어 봅시다. 자연에 대한 반성과 감사가, 먹고 먹임의 생태 논리, 하나님의 창조 질서가 담긴 17가지 목표를 세우기 위해 빈칸에 우리가 해야 할 일을 채워봅시다.

생태계 순환과 소통을 위한 17가지 목표	1. 생명을 내어준 생명들을 존중하는 마음	2. 생태계의 선순환	3. 모두를 살리는 밥상	4. 착취없는 먹거리
	5. 생산보다는 생명	6. 서로 살림	7.	8.
	9. 자연 앞에 겸손한 인간	10.	11.	12.

13. 녹색 소비	14. 환경마크	15. 푸드마일리지	16. 생명공동체를 위한 매일기도	17.

생명공동체를 위한 매일 묵상

1. 목숨을 보존하기 위해 나는 얼마나 많은 사람과 자연의 도
움을 받고 있을까요? 오늘 하루 생태계의 어떤 도움을 받았
는지 생각합니다.

2. 나를 살리기 위한 먹거리들이 나의 밥상까지 오게 된 경로
를 떠올려 봅시다.

3. 오늘 하루 자연과 우리가 어떻게 상호의존 삶을 살았는지
조용히 돌이켜 봅니다.

4. 두 개의 기도문을 읽고 묵상을 마칩니다.

　창조의 하나님,
　당신은 밤과 낮을 창조하셨습니다.
　당신은 하늘과 바다를 나누셨습니다.
　당신은 모든 살아있는 피조물에게 생명을 주셨고,

그것이 보시기에 좋았다고 하셨습니다.
우리가 당신의 창조의 위엄에 다시 연결되게 하소서. 아멘.

살림의 예수님,
파괴적인 삶을 용서하여 주시고,
강한 것을 쫓으려 하는 생각을 변화시켜 주소서
그리스도가 십자가를 통해 보이신
사랑, 섬김, 내어줌, 비워냄.
예수님의 뜻 안에서 마음이 자라나게 하소서.
생명의 신비 속에서 서로를 먹이고 돌보게 하소서. 아멘.